Donia M'chirgui

Les dérivés méthoxylés

Donia M'chirgui

Les dérivés méthoxylés

Étude bibliographique et analyse de cas cliniques

Presses Académiques Francophones

Impressum / Mentions légales
Bibliografische Information der Deutschen Nationalbibliothek: Die Deutsche Nationalbibliothek verzeichnet diese Publikation in der Deutschen Nationalbibliografie; detaillierte bibliografische Daten sind im Internet über http://dnb.d-nb.de abrufbar.
Alle in diesem Buch genannten Marken und Produktnamen unterliegen warenzeichen-, marken- oder patentrechtlichem Schutz bzw. sind Warenzeichen oder eingetragene Warenzeichen der jeweiligen Inhaber. Die Wiedergabe von Marken, Produktnamen, Gebrauchsnamen, Handelsnamen, Warenbezeichnungen u.s.w. in diesem Werk berechtigt auch ohne besondere Kennzeichnung nicht zu der Annahme, dass solche Namen im Sinne der Warenzeichen- und Markenschutzgesetzgebung als frei zu betrachten wären und daher von jedermann benutzt werden dürften.

Information bibliographique publiée par la Deutsche Nationalbibliothek: La Deutsche Nationalbibliothek inscrit cette publication à la Deutsche Nationalbibliografie; des données bibliographiques détaillées sont disponibles sur internet à l'adresse http://dnb.d-nb.de.
Toutes marques et noms de produits mentionnés dans ce livre demeurent sous la protection des marques, des marques déposées et des brevets, et sont des marques ou des marques déposées de leurs détenteurs respectifs. L'utilisation des marques, noms de produits, noms communs, noms commerciaux, descriptions de produits, etc, même sans qu'ils soient mentionnés de façon particulière dans ce livre ne signifie en aucune façon que ces noms peuvent être utilisés sans restriction à l'égard de la législation pour la protection des marques et des marques déposées et pourraient donc être utilisés par quiconque.

Coverbild / Photo de couverture: www.ingimage.com

Verlag / Editeur:
Presses Académiques Francophones
ist ein Imprint der / est une marque déposée de
AV Akademikerverlag GmbH & Co. KG
Heinrich-Böcking-Str. 6-8, 66121 Saarbrücken, Deutschland / Allemagne
Email: info@presses-academiques.com

Herstellung: siehe letzte Seite /
Impression: voir la dernière page
ISBN: 978-3-8416-2109-2

REMERCIEMENT

A mon directeur de thèse

Mr Chiheb BEN RAYANA

Je vous exprime mes profonds remerciements pour l'amabilité avec laquelle vous avez bien voulu guider l'élaboration de ce sujet et pour l'aide compétente que vous m'avez apportée.

Que ce travail soit le témoignage de toute ma haute considération, ma respectueuse gratitude et mes vifs remerciements.

TABLE DES MATIERES

INTRODUCTION

Les dérivés méthoxylés sont les catabolites méthoxylés des catécholamines par l'action de la catéchol-O-méthyl-transférase ; respectivement : la métanéphrine, la normétanéphrine et la 3-méthoxythyramine pour l'adrénaline, la noradrénaline et la dopamine. On désigne par métanéphrines l'ensemble de la MN et de la NMN.

La détermination de l'excrétion des dérivés méthoxylés constitue un marqueur des états d'hyperactivité sympathique utilisé dans le diagnostic des tumeurs du système nerveux sympathique tels que le phéochromocytome et le neuroblastome.

Une compréhension correcte du métabolisme des catécholamines est particulièrement importante pour le diagnostic de ces tumeurs, notamment le choix des tests biochimiques appropriés, leur réalisation ainsi que leur interprétation.

Les phéochromocytomes sont des tumeurs rares, potentiellement létales ; diagnostiquée et traitée, cette tumeur est en général bénigne et curable.

Les phéochromocytomes sont sporadiques dans la plupart des cas, ou s'intègrent dans des syndromes de prédisposition génétique. Ce sont des tumeurs du tissu chromaffine capables de synthétiser des CA et de les métaboliser en métanéphrines.

Le traitement chirurgical pour les patients ayant cette tumeur est toujours indiqué à cause du risque évolutif.

Le risque de récidive et la nécessité d'une surveillance à vie doivent être expliqués au patient et justifient une surveillance biologique.

Dans ce travail, nous présentons une synthèse bibliographique sur les catécholamines et sur le dosage des métanéphrines. Nous présentons également 3 cas cliniques illustrant l'intérêt du dosage des métanéphrines dans l'exploration de la médullosurrénale

PARTIE BIBLIOGRAPHIQUE

1. RAPPEL PHYSIOLOGIQUE SUR LA MEDULLOSURRENALE

1.1.Anatomo-physiologie

Les glandes surrénales sont de petites glandes paires situées au-dessus des reins, de 3cm × 1cm, elles sont constituées de la corticosurrénale et de la médullosurrénale **(Figure1)** [1]. Elles sont essentielles dans la réponse de l'organisme au stress environnemental [2].

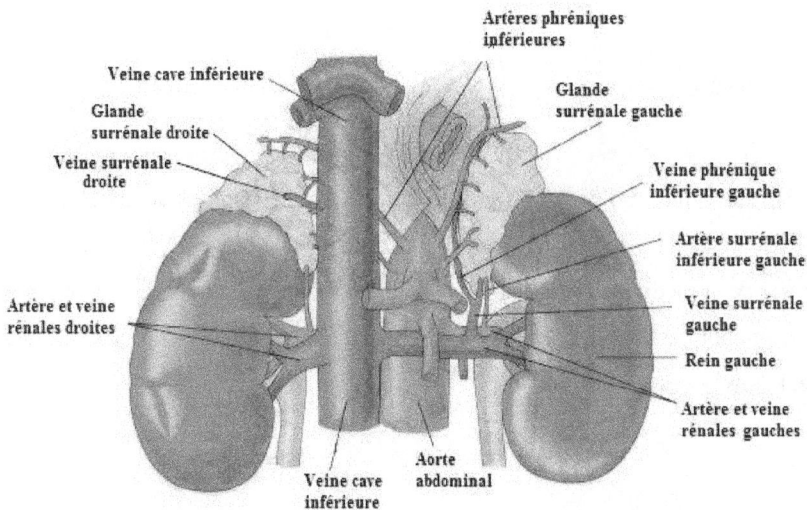

Figure 1 : Anatomie des glandes surrénales [3]

Les cellules du cortex surrénalien synthétisent et sécrètent les glucocorticoïdes, les minéralocorticoïdes et les androgènes surrénaliens [1] qui sont essentiels pour le métabolisme, les réactions inflammatoires et l'homéostasie du milieu liquide [2].

La médullosurrénale normale, mature à l'âge de 15 ans [4], sécrète les catécholamines (CA) [1] qui occupent des positions clefs dans la régulation des processus physiologiques et le développement des maladies neurologiques, psychiatriques, endocrines et cardio-vasculaires [5].

Les stimuli de la médullosurrénale sont à la fois nerveux (hypotension, froid, peur) et sanguins (hypoxie, hypercapnie, hypoglycémie, hormones thyroïdiennes, corticosurrénaliennes et gonadiques) [1].

Une grande partie de l'apport sanguin de la médullosurrénale se fait par un système porte provenant du cortex surrénalien. Les cellules chromaffines sont exposées à des niveaux élevés de corticostéroïdes surrénaliens, surtout dans les situations stressantes. Les fibres sympathiques pré-ganglionnaires sont cholinergiques [1].

1.2. Embryologie

La médullosurrénale est d'origine ectoblastique, contrairement à la partie corticosurrénale qui est d'origine mésodermique [1]. Au second mois de gestation, les cellules de la crête neurale migrent pour former le système sympathique ou le primordial de la médullosurrénale. Des cellules similaires sont présentes dans le tissu extra-surrénalien, essentiellement autour de l'aorte, mais aussi au niveau du cou et rarement dans la vessie [6].

1.3. Histologie

La médullosurrénale est composée de cellules chromaffines arrangées en amas entourant les capillaires. Les vésicules sécrétrices contenant des CA sont concentrées dans la partie adjacente au capillaire. Le noyau, le réticulum endoplasmique et l'appareil de Golgi sont localisés près des terminaisons nerveuses [1].

1.4. Les catécholamines

Les CA constituent une classe de neurotransmetteurs chimiques et d'hormones produites dans les neurones du système nerveux central (SNC), dans les nerfs sympathiques et dans les cellules chromaffines de la médullosurrénale [7,8].

Chimiquement, ce sont des amines biogènes dérivées du noyau catéchol (phényle substitué par deux hydroxyles en ortho) [9]. Cette structure benzénique (Figure2) rend ces composants non seulement fluorescents mais aussi sensibles à la lumière et facilement oxydables [10]. Le noyau catéchol porte en position 1 une chaine latérale éthylamine [11].

Elles comprennent : la dopamine (DA), la noradrénaline (NA, également appelée norépinéphrine) et l'adrénaline (A, ou épinéphrine) [9].

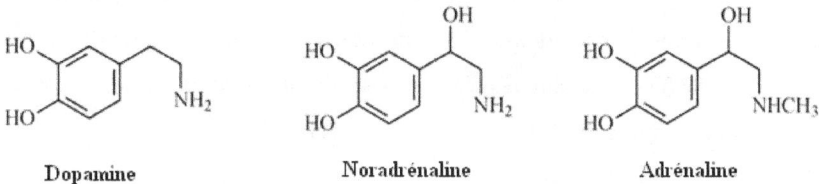

Dopamine   Noradrénaline   Adrénaline

Figure 2 : Structures de la DA, NA et A [12]

La synthèse des CA est réalisée à partir de la L-tyrosine issue de l'alimentation ou du métabolisme hépatique de la phénylalanine [7]. La phénylalanine constitue un acide aminé essentiel dans notre alimentation [13].

La phénylalanine est hydroxylée en tyrosine par la phénylalanine hydroxylase, la tetrahydrobioptérine (BH4) étant le co-enzyme impliqué dans la réaction (Figure3) [13].

4

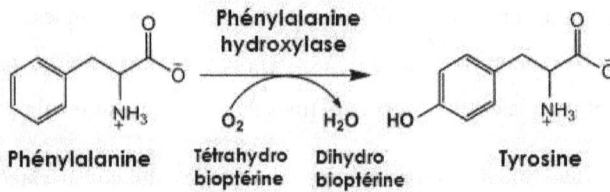

Figure 3 : Hydroxylation de la phénylalanine en tyrosine [13]

La tyrosine-hydroxylase (THL) permet la transformation de la tyrosine en dihydroxyphénylalanine (DOPA) en présence de BH_4 **[14]**. C'est une enzyme clef dans la synthèse des CA **[1]**. Elle est vitale dans le développement neurologique normal **[14]**.

La THL est présente dans les neurones centraux catécholaminergiques et périphériques orthosympathiques, ainsi que dans les glandes médullosurrénales. L'activité de la THL est augmentée par les stimuli nerveux et les facteurs de croissance, elle est inhibée par la DOPA et la NA **[1]**.

Une fois formée, la DOPA est décarboxylée en DA par la DOPA-décarboxylase (L-ADC), l'introduction d'un groupe β-hydroxyl par la dopamine-β-hydroxylase (DBH) forme la NA. La NA est le produit final au niveau du système adrénergique central et périphérique, cependant, au niveau de la médullosurrénale, elle est métabolisée plus loin en A. En effet, l'addition d'un groupe méthyle sur le groupe aminé de la NA forme l'A **[10]**, la phényléthanolamine-N-méthyltransférase (PNMT) est l'enzyme qui catalyse la conversion de la NA en A **(Figure4) [1]**. Cette enzyme est exprimée dans la médullosurrénale, dans un petit nombre de noyaux du SNC et dans la rétine. Au niveau de la surrénale, la PNMT est induite par les corticostéroïdes sécrétés dans le cortex surrénalien **[15]**.

Une production suffisante de CA au niveau de la médullosurrénale nécessite des taux élevés de stéroïdes intra-surrénaliens [14].

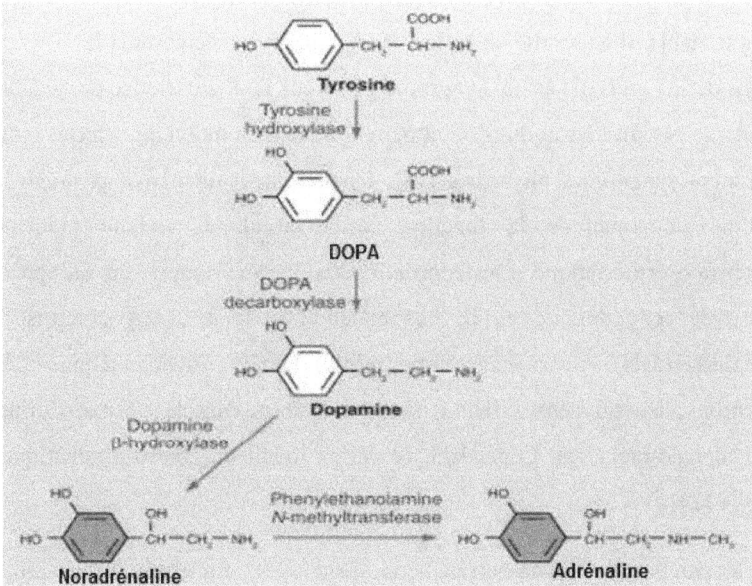

Figure 4 : Biosynthèse des catécholamines [7]

Erreurs innées du métabolisme des CA :

▪ Le déficit en phénylalanine hydroxylase constitue la cause de 3 types différents d'hyperphénylalaninémies (HPA) héréditaires :

❖ La phénylcétonurie (PKU) typique ou classique

❖ La PKU atypique

❖ L'HPA bénigne permanente [16].

Le terme PKU est réservé pour la plupart des formes sévères de la maladie. La présentation classique est une encéphalopathie progressive chez les enfants qui semblent être normaux pour les quelques premiers mois de leur vie [16].

- Le déficit en THL constitue une maladie neuro-métabolique sévère mais souvent traitable. Il en résulte un déficit des CA au niveau cérébral [17].

- Le déficit en DBH est un syndrome génétique rare, caractérisé par une absence complète de NA au niveau du SNC et périphérique. Les individus affectés souffrent de plusieurs symptômes physiques [18]. Ils présentent un déficit profond dans la régulation autonome de la fonction cardio-vasculaire, ce qui prédispose à l'hypotension orthostatique. Plusieurs individus en Amérique et en Europe ont été décrits avec cette déficience [2]. Les métabolites de la NA y compris l'A, la métanéphrine (MN), la normétanéphrine (NMN), l'acide vanylmandélique (VMA) et le dihydroxyphénylglycérol (DHPG) sont très faibles dans le plasma, l'urine et le liquide céphalo-rachidien. Cependant, ce déficit induit un niveau plasmatique élevé de DOPA [14].

Les paragangliomes extra-surrénaliens sont des tumeurs rares produisant essentiellement ou exclusivement la DA. La prédominance de la DA et le manque relatif de production des autres CA dans de telles tumeurs, est dû au déficit de DBH au niveau des cellules tumorales [19].

- Le déficit en L-ADC peut être associé avec le caractère indifférencié des cellules et corrélé avec le grade de malignité de la tumeur [20] :

Le neuroblastome constitue l'une des tumeurs solides malignes les plus communes chez les enfants [14,20]. Elles proviennent des cellules de la crête neurale et produisent les CA et leurs métabolites. Si le neuroblastome est arrêté à un stade précoce du développement de la crête neurale, l'induction de la

L-ADC sera insuffisante et il y aura sécrétion et accumulation de la DOPA. La déficience relative en L-ADC cause un surplus de DOPA, qui est métabolisée en acide vanyllactique (VLA) et en acide homovanillique (HVA). La DOPA plasmatique permet de prévoir le pronostic des patients ainsi que d'établir un diagnostic de neuroblastome [20].

Les patients ayant un phéochromocytome malin, autre tumeur formée de cellules sécrétrices des CA, présentent aussi un niveau élevé de DOPA plasmatique. Les cellules du phéochromocytome malin semblent être si indifférenciées que même si elles peuvent hydroxyler la tyrosine pour former la DOPA, elles ne décarboxylent pas suffisamment la DOPA pour former la DA ni hydroxylent la DA pour former la NA [14].

▪ Le déficit en PNMT a été démontré dans les phéochromocytomes produisant la NA. En effet, le manque de PNMT constitue la différence essentielle entre les deux types de phéochromocytomes (type-A et type-NA) [21].

Le stockage des CA se fait dans les granules des cellules chromaffines de la médullosurrénale et dans les vésicules sécrétoires des terminaisons sympathiques. Il existe deux compartiments de stockage : un libre intra-cytoplasmique (20%), l'autre de réserve (80%) [7].

Les granules sécrétoires de la médullosurrénale contiennent aussi la chromogranine, le neuropeptide Y, l'enképhaline et la somatostatine **(Figure5)** [6].

Le neuropeptide Y constitue une hormone et un neurotransmetteur qui stimule la libération des CA [22]. Les chromogranines, elles, sont des protéines non diffusibles, auxquelles les CA sont complexées au niveau des granules de stockage ; elles servent à inactiver et à prévenir la dégradation enzymatique jusqu'à la libération du contenu de la vésicule [10].

Les CA sont déchargées à partir des granules chromaffines et des axones sympathiques par le processus d'exocytose. Dans ce processus, tous les composants solubles des granules y compris les enzymes, les chromogranines et les peptides bioactifs, sont co-libérés dans l'espace extracellulaire, et atteignent éventuellement la circulation [2]. Les produits de sécrétion dominants sont les CA [10].

La DA endogène co-libérée avec les autres CA, module la décharge sympathico-surrénalienne uniquement lors d'une stimulation sympathique élevée à travers un mécanisme autocrine, limitant la décharge sympathique et surrénalienne excessive [23].

Lors de sa stimulation, la médullosurrénale sécrète 85% d'A et 15% de NA [9].

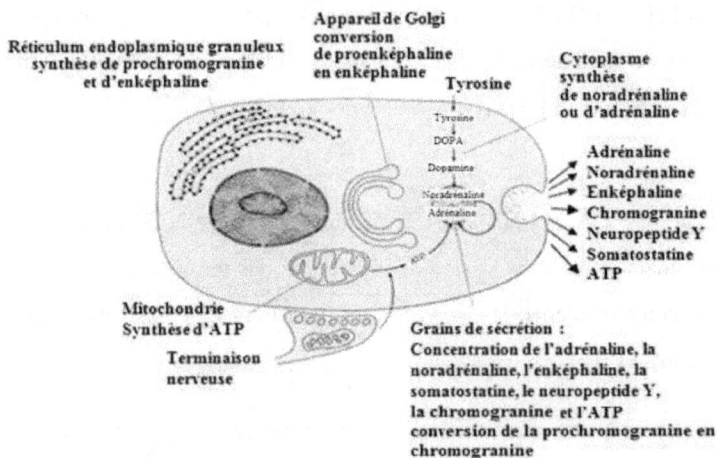

Figure 5 : Schéma d'une cellule de la médullosurrénale [24]

La production et la libération excessive des CA dans la circulation par le néoplasme de cellules chromaffines tel que le phéochromocytome, entraine caractéristiquement une hypertension paroxystique ou persistante [10].

Seulement une faible proportion de la NA libérée à partir des nerfs sympathiques atteint la circulation sanguine sous forme inchangée. La principale voie de désactivation de la NA est la recapture par les nerfs terminaux [14], toutefois, une recapture extraneuronale peut être médiée par la famille des transporteurs des cations organiques [2].

Dans les conditions de repos, seulement une faible quantité de NA plasmatique provient de la médullosurrénale. Par contre, durant quelques réponses au stress tel qu'une glucoprivation aigue, la contribution surrénalienne en NA plasmatique augmente [14].

Comme pour la NA au niveau des nerfs sympathiques, dans les conditions de repos, le métabolisme de l'A au niveau de la médullosurrénale prend place avant l'entrée de l'hormone dans la circulation sanguine [14].

Suite à la recapture neuronale, les CA cytosoliques peuvent être soit retransportées dans les vésicules de stockage, soit métabolisées par méthoxylation (par la catécol-O-méthyl-transférase : COMT) ou par désamination oxydative (par la monoamine oxydase : MAO) [2].

Les produits de la méthoxylation sont la 3-méthoxythyramine (3-MT), la MN et la NMN, respectivement pour la DA, l'A et la NA [7].

Du fait que les cellules chromaffines de la médullosurrénale possèdent la COMT, la MN et la NMN constituent les métabolites majeurs de l'A et de la NA avant leur libération dans le liquide extracellulaire. Par contre, au niveau des nerfs sympathiques qui contiennent la MAO mais non la COMT, le DHPG constitue le métabolite principal de la NA avant la libération de l'hormone dans la circulation sanguine (Figure6) [14].

Dans le plasma, le DHPG est transformé par l'action de la COMT en méthoxyhydroxyphénylglycérol (MHPG) qui sera repris par le foie et converti en VMA par l'action de l'alcool déshydrogénase (ADH) [5].

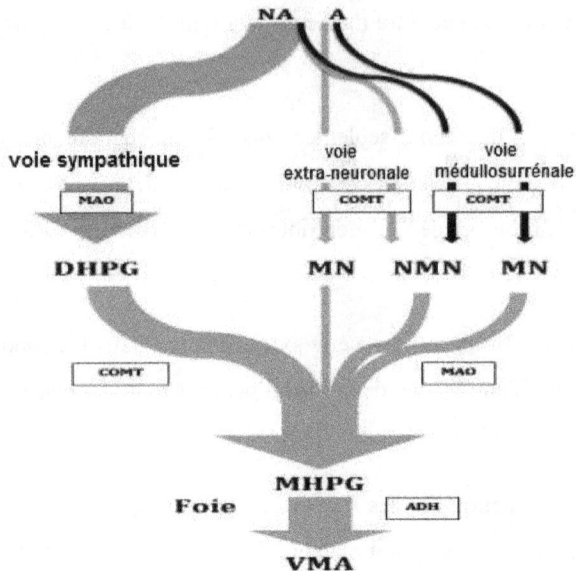

Figure 6 : Diagramme montrant les 3 voies essentielles du métabolisme de la NA et de l'A dérivant des sources sympathique et médullosurrénale [5]

La voie sympathique est la voie majeure du métabolisme des CA et implique la désamination intra-neuronale de la NA ayant fuit à partir des granules de stockage ou de la NA recapturée après libération par les nerfs sympathiques. La voie extra-neuronale est une voie relativement mineure du métabolisme des CA libérées à partir des nerfs sympathiques ou de la médullosurrénale, mais elle est importante pour la transformation ultérieure des métabolites produits par les voies neuronale et médullosurrénale. La voie médullosurrénale implique la méthoxylation des CA ayant fuit à partir des granules de stockage dans le cytoplasme des cellules de la médullosurrénale [5].

Dans la circulation sanguine, les CA possèdent une demi-vie très courte de seulement 1-2minutes. Elles sont généralement éliminées de la circulation par la recapture neuronale, mais elles sont aussi soumises à l'excrétion rénale directe ou à la sulfoconjugaison du groupe cyclique hydroxyle dans le tractus gastro-intestinal [2].

Les CA sont des neurotransmetteurs importants du système nerveux sympathique [10]. Dans la circulation systémique, la DA agit sur les récepteurs dopaminergiques des vaisseaux splanchniques, pour induire leur vasodilatation. Les effets de l'A et de la NA sont médiés par deux types de récepteurs (**Tableau I**) [6].

Tableau I : Les récepteurs adrénergiques et leurs effets physiologiques [6]

Récepteur	Tissu	Action	Sensibilité
α1	Muscles lisses		NA=A
	-Vaisseaux sanguins	→Vasoconstriction	
	- Bronches	→Bronchoconstriction	
	-Vessie	→Contraction	
	-Iris (muscle radial)	→Contraction (mydriase)	
	-Cardiaques	→Contraction	
	-Foie	→Glycogénolyse	
α2	Vaisseaux sanguins	→Vasoconstriction	A>NA
	Cellules β-pancréatiques	→Diminution de la sécrétion d'insuline	
	Terminaisons des nerfs sympathiques	→Diminution de la libération de NA	
β1	Cœur	→Augmentation de la contraction	NA=A
		tachycardie	
	Cellules juxtaglomérulaires	→Augmentation de la sécrétion de sérotonine	
	Terminaisons des nerfs sympathiques	→Augmentation de la libération de NA	
β2	Muscles lisses		A>>NA
	-Vaisseaux sanguins	→Vasodilatation	
	- Bronches	→Bronchodilatation	
	-Vessie	→Relaxation	
	Terminaisons des nerfs sympathiques	→Augmentation de la libération de NA	
	Cellules β-pancréatiques	→Augmentation de la sécrétion d'insuline	
	Muscle squelettique	→Tremblements	
β3	Graisse	→Thermogénèse	NA>>A
	Tissu sous-cutané	→Lipolyse	

2. LES DERIVES METHOXYLES

2.1.Définition

Il s'agit de dérivés méthoxylés en position 3 [11]. Ce sont des métabolites inactifs des CA par la COMT, respectivement pour la NA, A, DA ; la NMN, la MN et la 3-MT [1,25].

Dans notre contexte, le terme « métanéphrines » décrit la MN et la NMN [26].

Les surrénales constituent la plus grande source de métanéphrines circulantes ; près de 93% de MN circulantes et entre 25% et 40% de NMN circulantes dérivent du métabolisme des CA à l'intérieur des cellules chromaffines [5].

2.2.Métabolisme

Au niveau des cellules chromaffines, la fuite de l'A et de la NA à partir des granules de stockage entraine la production intracellulaire des métabolites méthoxylés, sous l'action de la COMT **(Figure7)** [5]. Ce processus a lieu continuellement, indépendamment de la libération des CA qui peut se produire de façon épisodique [27].

La COMT est une enzyme responsable de l'O-méthylation préférentielle en position 3 sur le noyau catéchol [1]. Elle est retrouvée à un niveau élevé dans le foie, les reins et dans d'autres cellules extra-neuronales comme la médullosurrénale [14].

Cette enzyme est essentiellement présente dans les cellules chromaffines sous sa forme membranaire, isoforme ayant une affinité beaucoup plus élevée pour les CA que sa forme soluble trouvée dans d'autres tissus tels que le foie et les reins [5].

Dans la plupart des cellules, les dérivés méthoxylés subissent encore une dégradation métabolique par la MAO [14], enzyme mitochondriale trouvée au niveau des cellules chromaffines de la surrénale ainsi que dans les nerfs sympathiques (contrairement à la COMT qui n'est responsable que de la dégradation extraneuronale) [5].

La désamination oxydative de la 3-MT donne l'HVA [14], celle de la MN et de la NMN donne le MHPG qui sera oxydé dans le foie par l'ADH pour donner le VMA [28].

La MAO est aussi responsable de la désamination oxydative de l'A et de la NA qui aboutira à la formation du VMA [1,4].

Le VMA est un métabolite acide périphérique, c'est le métabolite ultime commun de l'A et de la NA, la désamination oxydative des métanéphrines n'est qu'une voie mineure de sa formation [5,29]. Il est produit essentiellement dans le foie [5]. En effet, au niveau du foie, c'est l'ADH qui assure la dégradation complète des CA en VMA [2].

L'HVA est le dérivé oxydé et méthoxylé de la DA, il est formé par l'action successive de la MAO et de l'aldéhyde déshydrogénase (AD) sur la 3-MT [4,10,29].

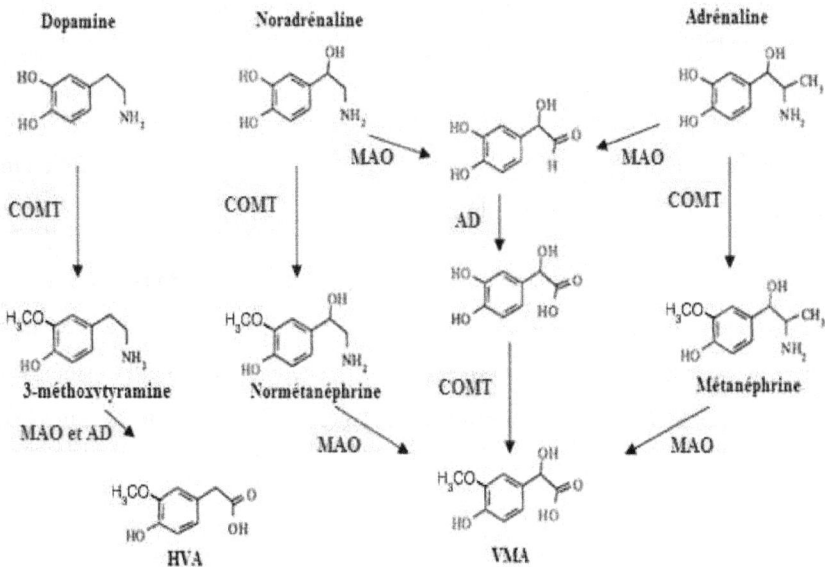

Figure 7 : Schéma du métabolisme des dérivés méthoxylés [4]

14

La formation de la NMN a lieu à partir de la recapture extra-neuronale, du métabolisme de la NA libérée depuis les terminaisons sympathiques, ainsi qu'à partir de la méthoxylation au niveau la médullosurrénale. Le taux de la production extra-surrénalienne de la NMN, quoique faible, fournis un marqueur unique du métabolisme extra-neuronal de la NA [14].

Les métanéphrines libres sont rapidement éliminées de la circulation par les mêmes transporteurs extraneuronaux des monoamines qui sont responsables de l'élimination rapide des CA de la circulation. Elles sont ensuite métabolisées par la MAO ou par la sulfotransférase type 1A3 (SULT1A3), isoenzyme spécifique ayant une affinité pour les monoamines, en métanéphrines sulfoconjuguées **(Figure8)** [26].

La sulfoconjugaison des métanéphrines ainsi que celle de la 3-MT et des métabolites non acides a lieu dans les tissus à haute expression de SULT1A3, surtout le tractus gastro-intestinal qui en est particulièrement riche. Elle est influencée par le régime alimentaire et par la production locale des CA [5,14].

Les glucuronides de ces composants peuvent être excrétés dans la bile ou, via l'entrée dans la circulation, dans l'urine [14].

Les métanéphrines sulfoconjuguées constituent le produit final du métabolisme, elles sont lentement éliminées de la circulation avec une clairance presque entièrement dépendante de l'élimination rénale [26].

Dans les urines, on retrouve surtout les métabolites oxydés et méthoxylés sous forme libre et sous forme conjuguée (sulfo- et glucurono-conjugués). Le niveau des métanéphrines libres représente moins de 3% des métanephrines totales excrétées (on désigne par « métanéphrines totales» : les métanéphrines libres + les métanéphrines conjuguées) [10,29].

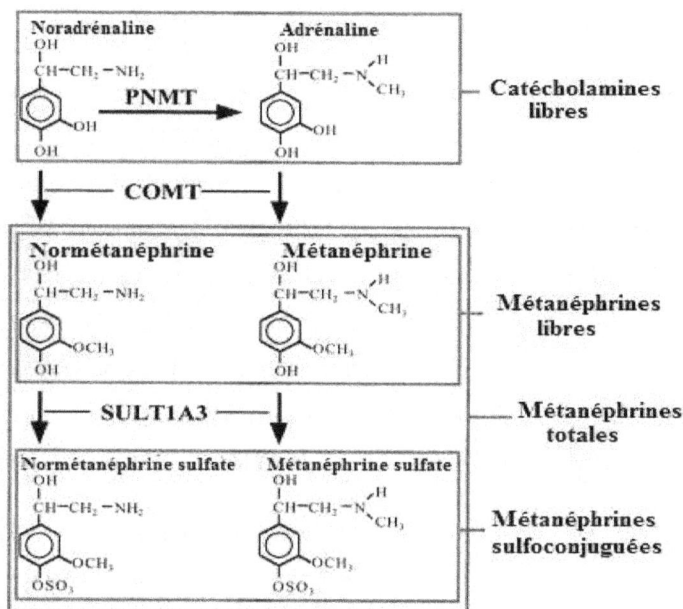

Figure 8 : Diagramme illustrant les voies du métabolisme des CA en métanéphrines libres et sulfo-conjuguées [26]

Les taux plasmatiques des métanéphrines augmentent durant l'activation du système nerveux sympathique et/ou du système hormonal de la médullosurrénale. Cependant, l'augmentation des taux plasmatiques des métanéphrines au dessus des niveaux de base est relativement basse par rapport à celle des CA. Durant les conditions de stress moins intenses, tel que le stress mental, les réponses des CA sont proportionnellement plus élevées que celles des métanéphrines. Par conséquent, les métanéphrines sont inférieures aux CA pour évaluer les réponses au stress [28].

3. METHODES DE DOSAGE DES DERIVES METHOXYLES

L'exploration de la médullosurrénale est réalisée devant une suspicion de phéochromocytome : tumeur qui sécrète les CA [30,31]. Elle consiste encore essentiellement aux dosages des CA et des métanéphrines plasmatiques et urinaires, et éventuellement de certains de leurs métabolites [30]. Les premiers dosages ont été ceux du VMA urinaire, ils sont actuellement abandonnés par manque de sensibilité et de spécificité [7]. Des études ont confirmé que les mesures des métanephrines fractionnées (MN et NMN mesurées séparément) dans l'urine ou le plasma offrent une sensibilité diagnostique supérieure aux mesures des CA [27]. Les métanéphrines doivent être le test de 1ère ligne dans l'investigation [8].

La détermination des métanéphrines fractionnées a été rapportée pour être utile à la distinction entre les tumeurs situées dans la médullosurrénale (sécrétant essentiellement l'A, pour être convertie en MN), et les tumeurs extra-surrénaliennes (sécrétant essentiellement la NA, pour être convertie en NMN). La mesure des métanéphrines totales est moins sensible que celle des métanéphrines fractionnées [32], donc les tests des métanéphrines totales sont au mieux abandonnés en faveur des tests plus récents impliquant la mesure des métanéphrines fractionnées [33].

Les métanéphrines plasmatiques fournissent le meilleur test pour le diagnostic du phéochromocytome pour ces différentes raisons :

❖ Les métanéphrines plasmatiques sont produites continuellement par le métabolisme des CA à l'intérieur des cellules chromaffines. Ceci contraste avec la sécrétion épisodique des CA.

❖ L'excitation sympathico-surrénalienne cause une large augmentation de la libération des CA tandis que les métanéphrines libres plasmatiques restent relativement inchangées.

❖ Le VMA et les métanéphrines totales et fractionnées, mesurés dans les urines, sont des métabolites différents des métanéphrines libres mesurées dans le plasma, et sont produits dans différentes parties du corps par des processus métaboliques, non directement liés à la tumeur elle-même. Les métanéphrines totales et fractionnées urinaires sont mesurées après une étape de déconjugaison et reflètent largement les niveaux des métanéphrines conjuguées qui sont produites en dehors du tissu tumoral. De même, le VMA est produit essentiellement dans le foie [34].

D'autres facteurs, tels que décrits dans le **Tableau II**, pourraient être plus importants à considérer dans le choix des mesures plasmatiques ou urinaires des métanéphrines [27].

Tableau II : Considérations affectant le choix de mesures plasmatiques des métanéphrines libres ou urinaires des métanéphrines fractionnées pour le diagnostic de phéochromocytome [27]

Métanéphrines fractionnées urinaires	Métanéphrines libres plasmatiques
Test bien établi et largement disponible	Test relativement nouveau avec une disponibilité croissante
Les concentrations urinaires sont importantes (200-2000 nmol/l) ce qui rend l'analyse relativement facile	Les concentrations plasmatiques sont faibles (0.1-0.5 nmol/l) ce qui rend l'analyse difficile
Facile à mettre en œuvre par le personnel médical, avec un minimum de dépenses de temps et d'effort	Le prélèvement sanguin nécessite du temps et de l'effort par le personnel médical
Le recueil d'urines de 24h peut être un inconvénient pour les patients	L'échantillon sanguin convient relativement mieux aux patients
Problèmes potentiels de fiabilité vu que le temps de recueil n'est pas toujours respecté	Les prélèvements sanguins peuvent être réalisés fiablement
Difficile à contrôler vu les influences de la vie quotidienne sur la fonction sympathico-surrénalienne ou le régime alimentaire	Les influences du régime alimentaire et de la fonction sympathico-surrénalienne sont plus facilement contrôlées
Pour les enfants, le recueil de 24h est difficile à réaliser avec une difficulté à interpréter les résultats en absence d'intervalles de référence appropriés à l'âge	Pour les enfants, le prélèvement sanguin peut être stressant, mais les résultats sont plus facilement interprétables sans les intervalles de référence appropriés à l'âge
Le test n'est pas utile pour les patients souffrant d'insuffisance rénale	Le test peut être réalisé pour les patients insuffisants rénaux.

Lorsque l'on compare l'efficacité des dosages des métanéphrines fractionnées urinaires et libres plasmatiques chez les patients dans un contexte sporadique par rapport aux patients dans un contexte familial, on constate une meilleure sensibilité et spécificité des métanéphrines libres plasmatiques aussi bien pour les phéochromocytomes héréditaires que pour les phéochromocytomes sporadiques, et que la spécificité des dosages réalisés chez des patients ayant un contexte familial, est globalement supérieure à celle des dosages réalisés dans un contexte sporadique **(Tableau III) [29]**.

Tableau III : Variations de l'efficacité des dosages des métanéphrines (sang et urine) entre les phéochromocytomes sporadiques et les phéochromocytomes héréditaires [2]

Dosages	Sensibilité		Spécificité	
	Héréditaire (%)	sporadique (%)	Héréditaire(%)	sporadique (%)
Métanéphrines libres plasmatiques	97	99	96	82
Métanéphrines fractionnées urinaires	96	97	82	45

Certaines tumeurs produisent exclusivement la DA tels que les paragangliomes extra-surrénaliens. Le dosage des métanéphrines libres plasmatiques seules peut manquer la détection de ces tumeurs. La 3-MT, peut cependant être mesurée avec les métanéphrines, toutefois, ces mesures ne sont pas largement disponibles [19].

Les CA sont également produites par les tumeurs développées aux dépens des tissus d'origine embryologique en rapport, par exemple les corps carotidiens et les neuroblastomes [31].

Le diagnostic biologique du neuroblastome repose classiquement sur les dosages d'HVA, de VMA et de DA. Dans certains cas, les dérivés méthoxylés pourraient être informatifs [35].

La méthode recommandée par la Société Française de Biologie Clinique (SFBC) pour le dosage des CA est la chromatographie liquide à haute performance (CLHP) couplée à une détection électrochimique [1].

3.1. Type de l'échantillon

Le choix du plasma ou de l'urine est le plus controversé. Il a été démontré que ces deux types d'échantillons présentent une sensibilité élevée pour les métanéphrines. Les avantages de l'échantillon plasmatique c'est sa très haute sensibilité et la commodité du prélèvement, ceux des urines de 24h c'est leur grande spécificité, ce qui permet de réduire les faux positifs. Les directives consensuelles acceptent un des deux échantillons [8].

3.2. Prélèvements

Un prélèvement adéquat de l'échantillon est important pour obtenir des mesures fiables des métanéphrines que ce soit pour les urines de 24h que pour le plasma [8].

3.2.1. Prélèvement sanguin

Tous les échantillons sanguins sont prélevés à l'aide d'un cathéter veineux au niveau de l'avant bras. Certaines études suggèrent que le prélèvement peut être réalisé en position assise ou couchée [10], d'autres ont démontré que le changement de posture de la position couchée à la position assise augmente les métanéphrines plasmatiques avec une moyenne de 30% [8]. Il a alors été recommandé que le patient soit en position couchée pendant au moins 20 à 30 minutes avant le prélèvement. Les patients sont informés d'être à jeun au moins 4 heures avant le prélèvement [8,36], de s'abstenir des boissons caféinées toute la nuit et d'éviter la prise de l'acétaminophène pendant 5 jours avant le prélèvement [34]. L'échantillon est prélevé dans un tube contenant l'EDTA [8].

Les échantillons sont recueillis dans de la glace puis centrifugés pendant 30 minutes [10]. Même en absence d'agent réducteur, le plasma peut être gardé pendant 3 jours à 4°C sans subir de dégradation appréciable. Le stockage pour une plus longue durée doit être à une température de -20°C ou plus faible [37].

3.2.2. Prélèvement urinaire

La mesure de l'excrétion quotidienne des dérivés méthoxylés impose un recueil complet des urines de 24h (de préférence 3 jours de suite). Cependant, vu la difficulté à réaliser un recueil précis et fiable des urines de 24h particulièrement en pédiatrie, les dosages chez les nourrissons et les jeunes enfants sont souvent effectués sur des échantillons d'urine. Les résultats sont alors rapportés à la créatininurie, l'excrétion des métanéphrines est exprimée en mmol de créatinine, et les valeurs de référence dépendantes de l'âge sont utilisées pour le test biochimique. La correction par la créatininurie permet d'éviter certaines valeurs faussement négatives [7, 8, 9, 38].

Les laboratoires chargés de l'analyse de l'échantillon urinaire doivent fournir les instructions aux patients adultes sur la façon de recueillir un prélèvement précis d'urines de 24h [8]. La précision du recueil est évaluée par la mesure de la créatininurie [39].

Pour les patients traités par le labétalol, on doit interrompre le traitement 4 à 7 jours avant le test, car ce médicament peut interférer avec le dosage des métanéphrines [10].

Le recueil des urines se fait dans des flacons opaques en polyéthylène [39].

Les métanéphrines urinaires sont plus stables que les CA qui s'oxydent dans les urines, et n'exigent donc pas de conservateur acide pour le recueil ou le stockage, pour un maximum de 7 jours à température ambiante [8].

3.3.Préparation de l'échantillon

Les métanéphrines libres plasmatiques peuvent être extraites directement (pas d'hydrolyse acide) [8].

Pour les métanéphrines urinaires, une étape d'hydrolyse acide est presque toujours effectuée pour libérer les métanéphrines libres à partir des métanéphrines conjuguées qui sont les principales espèces moléculaires présentes [8]. Cette étape minimise l'exigence d'une sensibilité analytique élevée, simplifiant par conséquent les mesures [40].

Il est possible de réaliser une déconjugaison enzymatique par la sulfatase [28].

3.4.Médicaments et autres facteurs de confusion du test susceptibles de causer des résultats faussement positifs

La NA provenant du système nerveux sympathique est la source d'à peu près 66% de la NMN circulante. Donc, tout ce qui augmente la production de la NA ou diminue sa recapture va augmenter les concentrations de la NMN et pourrait entrainer des tests faussement positifs. Le stress physiologique augmente la production de NA [8].

Les médicaments qui entrainent le plus souvent des résultats faussement positifs sont ceux qui inhibent la recapture de la NA ou bloquent suffisamment d'adrénorécepteurs pour causer une augmentation de la production de NA. Il s'agit notamment des antidépresseurs tricycliques, des antipsychotiques atypiques, des bloquants des récepteurs alpha-2 et des béta-bloquants. C'est la responsabilité du clinicien qui interprète le test, de considérer précautionneusement l'impact potentiel des médications. L'importance de l'interférence est patient- et dose-dépendante [8].

Les inhibiteurs de la MAO peuvent augmenter les métanéphrines en déroutant le métabolisme périphérique de la NA vers la COMT. Paradoxalement, les amphétamines et les xanthines augmentent aussi les concentrations des CA par l'induction de la THL et par l'antagonisme compétitif du transport des CA [8].

3.5.Méthodes de dosage urinaire abandonnées

Ce sont des procédures anciennes qui ont été remplacées par les méthodes chromatographiques plus sensibles et plus spécifiques [10].

3.5.1.Méthode fluorimétrique

- **Principe**

La MN et la NMN peuvent être converties par oxydation périodique en lutines fluorescentes, dont les spectres sont identiques à ceux des dérivés hydroxy indoliques des CA correspondantes. En réalisant l'oxydation à un pH élevé, on transforme la MN et la NMN ; à un pH plus bas, seule la MN réagira. Cette méthode permet donc aussi d'obtenir un dosage des métanéphrines fractionnées [11].

- **Inconvénients**

- Manque de sensibilité et de spécificité [1].

- Interférences médicamenteuses (méthyl-DOPA) [11].

3.5.2.Méthode colorimétrique

▪ **Principe**

La MN et la NMN sont oxydées en vanilline par l'acide périodique en milieu alcalin. La vanilline formée peut être dosée colorimétriquement, directement en présence d'acide phosphorique et d'indole à 495nm. La vanilline peut être extraite par le toluène en milieu acide, puis dosée colorimétriquement [11].

▪ **Inconvénients**

- Manque de sensibilité [32].

- Permet uniquement la mesure des métanéphrines urinaires totales [32].

- Résultats non fiables [41].

- Interférences de certains acides phénoliques [11].

- Nécessite l'interruption des médicaments pouvant causer des interférences analytiques [41].

3.6.Méthodes encore utilisées

3.6.1.Méthodes physiques

3.6.1.1.CLHP : Chromatographie liquide à haute performance

Elle s'est imposée comme la technique de référence [1].

Il s'agit d'une approche pratique et polyvalente qui est la plus largement utilisée pour l'analyse de routine des dérivés méthoxylés [10,8].

La CLHP présente un problème de spécificité limitée, qui a été surmonté en la combinant à des systèmes de détection plus spécifiques tels que la détection électrochimique et la détection par fluorescence [10].

- **Principe**

La séparation chromatographique est réalisée par une phase stationnaire de silice greffée par des chaînes octadécyle (C18) : séparation en phase inverse. La phase mobile est une solution acétate/acide acétique [1,35]. Il est nécessaire d'ajouter à l'échantillon un étalon interne : l'hydroxyméthoxybenzylamine [30].

- **Avantages**

- Approche plus pratique que la chromatographie en phase gazeuse ou les procédures fluorimétriques [10].

- Plusieurs analytes peuvent être quantifiés simultanément dans une série d'analyses [10].

- **Inconvénients**

- Le prétraitement de l'échantillon et l'extraction des métanéphrines à partir des urines sont relativement longs et pénibles [42]. En effet, ils nécessitent de multiples extractions et plusieurs évaporations pour éviter les pics étrangers dans les chromatogrammes [10] ; ils exposent ainsi à une perte de temps importante. Ces problèmes peuvent être surmontés par l'automatisation de ces étapes (préparation automatisée de l'échantillon et auto-injection), qui va faciliter le traitement d'un nombre plus élevé d'échantillons et améliorer la fiabilité du dosage [42].

- Présence de nombreuses sources potentielles d'inexactitude, parmi lesquelles, les interférences médicamenteuses (souvent les anti-hypertenseurs tels que : les inhibiteurs de l'enzyme de conversion, les béta-bloquants, les inhibiteurs calciques et les diurétiques [43]), et les interférences d'autres substances qui peuvent considérablement influencer les résultats. En effet, ils peuvent co-éluer avec les pics d'intérêt ce qui complique l'interprétation des données. Pour y remédier, toutes les méthodes doivent être évaluées en intégrant des échantillons de patients traités par des hypertenseurs ou par d'autres substances connues pour causer des interférences [10,44].

- Le temps d'exécution chromatographique est généralement supérieur à 20 minutes, ce qui limite le nombre de dosages effectués quotidiennement sur un seul instrument [44].

- Nécessite une grande quantité d'échantillon [45].

a.CLHP-DEC : CLHP avec détection électrochimique

C'est le mode de détection le plus largement utilisé pour les CA et les métanéphrines [8].

La détection électrochimique est soit ampérométrique soit coulométrique. Cette dernière est la plus sensible [1].

▪ **Avantages**

- Le prétraitement de l'échantillon est souvent plus simple qu'avec la CLHP avec détection par fluorescence, qui nécessite souvent la formation de dérivés fluorescents [10].

- Spécificité de détection supérieure à celle par fluorescence [8].

- **Inconvénients**

- Manque de fiabilité **[46]**.

- Mode de détection très sensible aux fluctuations du taux de pompage de la CLHP, résultant en une augmentation du rapport signal-bruit **[10]**.

- La phase mobile peut être électriquement conductrice ce qui restreint le choix de sa composition **[10]**.

- Nécessite un haut niveau de maintenance avec un nettoyage fréquent de l'électrode **[8]**.

- Interférences médicamenteuses, en particulier des métabolites du paracétamol et des sympathomimétiques, ce qui pourrait entrainer des résultats faussement positifs **[8]**.

b.CLHP-FLD : CLHP avec détection par fluorescence

Il s'agit de l'approche privilégiée pour le dosage des dérivés méthoxylés **[10]**.

Les méthodes originales reposaient sur la détection par fluorescence pour acquérir la sensibilité analytique **[8]**.

- **Avantage**

-Technique capable de l'automatisation **[10]**.

- **Inconvénients**

- Sensibilité et spécificité inadéquates **[10]**.

- Etape de prétraitement de l'échantillon très longue. En effet, ce mode de détection nécessite souvent la formation de dérivés fluorescents [10], ce qui expose à une perte de temps [47].

3.6.1.2.LC-MS/MS : chromatographie liquide avec spectrométrie de masse en tandem

La LC-MS/MS a connu une croissance énorme durant les 10-15 dernières années dans les laboratoires cliniques, surtout dans les laboratoires d'endocrinologie [40].

- **Principe**

La séparation chromatographique de la MN et de la NMN est accomplie par la chromatographie en phase normale suite à l'extraction en phase solide (SPE). Les ions positifs : NMN, MN, NMN-d3 (NMN deutérée) et MN-d3 (MN deutérée) sont détectés dans le mode de contrôle multi-réactions utilisant les transitions spécifiques du rapport masse/charge respectivement : 166→134, 180→148, 169→137 et 183→151. La source utilisée est la source d'ionisation chimique à pression atmosphérique (APCI). La **Figue 9** montre les principaux composants du spectromètre de masse en tandem [40].

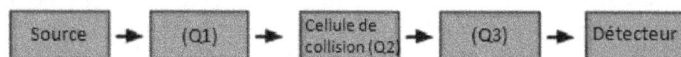

Figure 9 : principaux composants du spectromètre de masse en tandem [40]

L'échantillon est ionisé dans la source, passe dans le 1er filtre de masse (Q1), puis dans la cellule de collision (Q2), suivie par le 2ème filtre de masse (Q3), et finalement le détecteur [40].

- **Avantages**

- La détection est basée sur la masse moléculaire et la structure chimique (propriétés uniques pour chaque molécule), ce qui offre des avantages dans la sensibilité et la spécificité [10].

- Spécificité supérieure à celle des dosages immunologiques ou de la CLHP conventionnelle pour les analytes de faible masse moléculaire notamment les métanéphrines [40].

- La cadence est plus haute qu'avec la CLHP conventionnelle et la GC-MS (chromatographie en phase gazeuse couplée à la spectrométrie de masse) [40].

- Plus sensible que la GC-MS [44].

- Le prétraitement de l'échantillon est relativement simple et le temps de prétraitement est réduit par rapport à la CLHP conventionnelle, vu la haute spécificité apportée par la spectrométrie de masse en tandem [44,46].

- Les problèmes d'interférence analytique rencontrés avec la CLHP conventionnelle sont minimisés grâce à la spécificité analytique supérieure du spectromètre de masse en tandem [8].

- N'exige pas l'interruption des médicaments pouvant causer des interférences analytiques [41].

- **Inconvénients**

- la cadence est inférieure à celle acquise avec les dosages immunologiques automatisés [40].

- Flux de travail très manuel [40].

- Complexité des opérations et de la maintenance de l'instrumentation [40].

3.6.1.3.GC-MS : chromatographie en phase gazeuse couplée à la spectrométrie de masse, pour le dosage des métanéphrines urinaires

- **Principe**

Après hydrolyse acide de l'échantillon urinaire, les standards internes deutérés (MN-d3 et NMN-d3) sont ajoutés (ils sont ajoutés après hydrolyse pour éviter leur décomposition rapide sous les conditions d'hydrolyse). L'SPE est réalisée par la suite pour isoler les MN hydrolysées à partir de l'urine. Les échantillons sont concentrés par évaporation puis subissent une double dérivatisation, simultanément par le N-méthyl-N-(triméthylsilyl)trifluoroacétamide (MSTFA) et le N-méthyl-bis-heptafluorobutyramide (HFBA) à température ambiante [48].

La détection se fait par spectrométrie de masse ; le spectromètre de masse étant un dispositif qui mesure le rapport masse/charge des particules chargées [40].

- **Avantages**

- Méthode spécifique et rapide [48].

- Permet d'éviter la plupart des interférences médicamenteuses qui touchent les dosages par CLHP conventionnelle [48].

- La cadence est d'environ 8 échantillons par heure en comparaison avec 3 échantillons par heure pour la CLHP [48].

- Plus précise que les dosages immunologiques automatisés [44].

- Amélioration considérable de l'imprécision du test par l'addition des standarts internes deutérés [48].

- La technique de la double dérivatisation a permis d'améliorer la chromatographie, de diminuer les interférences (on observe deux pics uniques pour la MN et la NMN) et d'accroître la sensibilité [48].

- **Inconvénients**

- La sensibilité est souvent inférieure à celle des méthodes immunologiques, et le temps d'exécution peut être plus long [44].

- La manipulation nécessite un degré élevé de formation des opérateurs [48].

- Le test et l'instrumentation ne sont pas suffisamment sensibles pour mesurer les métanéphrines libres urinaires qui ne représentent que 3% de la concentration totale [48].

3.6.2.Méthodes immunochimiques

Ce sont des méthodes développées comme alternative viable à la CLHP [10].

Plusieurs procédures de tests immunologiques ont été proposées dans le passé pour la mesure des métanéphrines, mais des problèmes associés à la spécificité de l'Anticorps (Ac) pour une haptène de taille moléculaire aussi faible ont restreint leur acceptation généralisée [10].

Comme les métanéphrines ne possèdent pas de propriétés immunogènes suffisantes, il est fait usage de leurs dérivés N-acétylés. Par la réaction qui utilise les réactifs Bolton-Hunters (acide 3-(p-hydroxyphényl)propionique ester N-hydroxysuccinimide), la MN et la NMN sont facilement converties en leurs N-acylsuccinates avec d'excellentes propriétés immunogènes. Les Ac spécifiques dirigés contre ces dérivés sont relevés à partir des lapins qui ont été immunisés par l'albumine sérique bovine conjuguée avec l'haptène correspondante (les dérivés formés) [10,32].

- **Avantages**

- Technique facile [43].

- Nécessite moins d'équipements et est plus accessible que la CLHP conventionnelle [43].

- Absence d'interférences avec les substances de structure similaire (tel que l'alpha-méthyldopa et les béta-bloquants) [43].

- **Inconvénients**

- Chaque dérivé méthoxylé nécessite un kit indépendant pour l'analyse [10]. Ceci pourrait conduire à des coûts plus élevés, et dans certains cas, à consommer plus de temps d'analyse que les méthodes chromatographiques [32].

- Les contrôles qualité sont difficiles dans les laboratoires de routine. Ils sont très susceptibles aux artéfacts causés par une liaison non spécifique [44].

- Il y a souvent un accord très pauvre entre les résultats obtenus par des dosages immunologiques différents, parfois même entre les dosages immunologiques provenant du même fabriquant. Cela rend le suivi des patients dans le temps ou entre les laboratoires, ainsi que les études longitudinales extrêmement différentes [44].

3.6.2.1.EIA : Dosage immunologique avec marqueur enzymatique

Des kits EIA ont été développés dans le commerce pour la mesure des métanéphrines urinaires ainsi que des métanéphrines libres plasmatiques après leur conversion en leurs dérivés acylés [8,49].

- **Principe**

Ces dosages sont basés sur la technologie de plaques de microtitration. Ils ont été développés pour la détermination quantitative rapide des métanéphrines [32,44].

Suite à la conversion de la M (ou de la NMN) en son dérivé N-acétylé, le produit est incubé avec l'Ac correspondant, puis incubation avec l'Ac conjugué à l'enzyme. L'ajout du substrat permettra de produire un composé qui sera mesuré par spectrophotométrie [32,49].

- **Avantages**

- Dosage spécifique avec une sensibilité satisfaisante [1].

- Simplicité de la méthode qui a permis son exécution dans n'importe quel laboratoire clinique [32].

- Le dosage des métanéphrines plasmatiques avec l'EIA peut représenter une alternative pour les centres qui n'ont pas accès à la LC-MS/MS [49].

- **Inconvénient**

- La durée de réalisation (préparation de l'enzyme) est longue [1].

3.6.2.2.RIA : Dosage immunologique avec marqueur radioactif

- **Principe**

Cette méthode a été développée avec l'utilisation d'Ac spécifiques ainsi que la synephrine marquée à l'iodine-125 (I^{125}) et l'octopamine marquée à l'I^{125} comme traceurs respectifs de la M et de la NMN pour le RIA.

Les antigènes (Ag) radio-marqués se lient aux Ac spécifiques. A l'ajout de l'échantillon à doser, il y aura une compétition entre les Ag non marqués (dérivés N-acétylés de la M et de la NMN) et les Ag marqués sur les sites de fixation de l'Ac, les Ag non marqués vont déplacer les Ag marqués. La centrifugation permettra de séparer les Ag marqués liés de ceux non liés et la radioactivité dans le précipité est mesurée par un compteur gamma [50].

- **Avantages**

- Méthode fiable [51].

- Sensibilité et précision satisfaisantes [50].

- Permet le dosage simultané de plusieurs échantillons [50].

- Plus spécifique que la CLHP conventionnelle ; de plus, elle permet d'éviter les interférences médicamenteuses [50].

- **Inconvénients**

- L'usage de substances radioactives représente en lui-même un inconvénient important [32].

- Technique nécessitant l'autorisation d'utilisation des radioéléments [1].

3.7.Conclusion

Avec la plus large disponibilité de la LC-MS/MS dans la routine des laboratoires cliniques, la méthode LC-MS/MS développée et validée offre l'occasion de fournir le test biochimique optimal pour le diagnostic du phéochromocytome [52].

Cette méthode a été récemment optimisée en utilisant l'extraction automatisée en ligne [40].

Le **Tableau IV** résume les différentes méthodes de dosage encore utilisées.

Tableau IV : Résumé des différentes méthodes de dosage encore utilisées

Méthode	Avantages		Inconvénients	
CLHP-DEC	-Prétraitement de l'échantillon plus simple que pour la CLHP-FLD -Spécificité de détection supérieure à celle par fluorescence	-Quantification simultanée de plusieurs analytes -Approche pratique	-Manque de fiabilité -Rapport signal-bruit élevé -Haut niveau de maintenance	-Prétraitement de l'échantillon long et pénible -Interférences analytiques -Temps d'exécution long -Grande quantité d'échantillon
CLHP-FLD	-Automatisation possible		-Sensibilité et spécificité inadéquates	
LC-MS/MS	-Très sensible -Très spécifique -Cadence élevée -Prétraitement de l'échantillon relativement simple et temps de prétraitement réduit -Beaucoup moins d'interférences analytiques		-Flux de travail très manuel -Complexité de la maintenance	
GC-MS	-Sensible -Spécifique -Rapide -Evite la plupart des interférences médicamenteuses -Cadence élevée		-Degré élevé de formation des opérateurs	
EIA	-Spécifique -Sensibilité satisfaisante -Simple	-Facile -Absence d'interférence avec les substances de structure similaire	-Durée de réalisation longue -Usage de substances radioactives -Autorisation d'utilisation des radioéléments	-Chaque dérivé méthoxylé nécessite un kit indépendant -Contrôles qualité difficiles dans les laboratoires de routine -Désaccord entre les dosages
RIA	-Quantification simultanée de plusieurs analytes -Spécifique -Sensibilité et précision satisfaisantes			

4. VALEURS USUELLES ET VARIATIONS PHYSIOLOGIQUES

Pour les métanéphrines plasmatiques, les valeurs de référence sont : inférieures à 0,29 nmol/l pour la MN et inférieures à 0,77 nmol/l pour la NMN [53].

Bien qu'il n'y ait pas de différence significative observée entre les deux sexes dans l'excrétion des métanéphrines urinaires, il a été démontré que l'excrétion de la NMN (ce qui n'est pas le cas pour la MN) augmente avec l'âge [10].

Au cours de l'enfance, la maturation du système nerveux sympathique et l'augmentation progressive de la masse musculaire concourent à la variabilité des résultats, qui doivent être interprétés par rapport à des valeurs de référence dépendantes de l'âge. En effet, l'excrétion de la créatinine, reflet direct de la masse musculaire, augmente fortement au cours de la croissance [38].

Pour l'adulte, les impacts de l'âge et du sexe sont faibles et considérés comme étant non importants pour le test général [8].

Le **Tableau V** exprime des données établies avec des méthodes standardisées chez des sujets sans pathologie endocrinienne ou métabolique, ces valeurs constituent des valeurs de référence pour le diagnostic et le suivi des patients suspects de tumeurs du système nerveux sympathique [38].

Cependant, la créatinine contribue aussi à une variabilité interindividuelle des résultats puisqu'elle varie avec le régime alimentaire, le stade pubertaire, l'activité physique et la fonction rénale [38].

Tableau V: Métanéphrines fractionnées urinaires : valeurs de référence en fonction de l'âge [9]

Age	Créatinine urinaire	NMN	NMN	MN	MN	3MT	3MT
	nmol/24h	nmol/24h	nmol/mmol créatinine	nmol/24h	nmol/mmol créatinine	nmol/24h	nmol/mmol
3 mois	0,24-1,2	<630	<2625	<460	<1917	<180	<750
6 mois	0,32-1,6	<630	<1969	<460	<1438	<180	<562
9 mois	0,36-1,8	<630	<1750	<460	<1278	<180	<500
1 an	0,38-2,0	<1390	<1658	<370	<974	<350	<920
2 ans	0,52-2,6	<1390	<2673	<370	<711	<350	<674
3 ans	0,58-2,9	<1390	<2396	<370	<638	<350	<603
5 ans	0,72-3,6	<1390	<1930	<370	<514	<350	<486
7 ans	0,92-4,6	<1475	<1603	<1064	<1116	<1100	<1196
10 ans	1,4-6,2	<1475	<1053	<1064	<760	<1100	<786
13 ans	1,7-8,8	<1475	<868	<1064	<625	<1100	<647
16 ans	2,2-11,2	<1475	<670	<1064	<484	<1100	<500
adulte	5,0-15,0	<2100	<280	<1500	<200	<1100	<150

5. VARIATIONS PATHOLOGIQUES

5.1.Intérêt du dosage

La détermination de l'excrétion urinaire des CA, de leurs dérivés méthoxylés et des acides phénoliques constitue un marqueur des états d'hyperactivité sympathique utilisé dans le diagnostic des tumeurs du système nerveux sympathique tels que le phéochromocytome et le neuroblastome [38].

Le diagnostic du phéochromocytome est un défi, et les tests diagnostiques jouent un rôle essentiel pour son diagnostic exact [54]. S'ils ne sont pas diagnostiqués ou s'ils ne sont pas traités, la sécrétion excessive des CA par ces tumeurs peut avoir des conséquences dévastatrices : il s'agit d'une tumeur potentiellement létale vu l'incidence élevée de complications cardio-vasculaires associées [10,40].

Donc, quoique les phéochromocytomes soient des tumeurs rares [34], une règle importante à suivre est de considérer pour le dépistage, tout patient qui a des manifestations, même à distance, suggestives de cette tumeur [55].

La détection rapide d'un phéochromocytome présente toujours un avantage dans sa prise en charge [35]. En effet, l'HTA est souvent curable par l'exérèse chirurgicale s'il est détecté à temps [10,39], son identification est un préalable essentiel à certains actes opératoires [35].

Malheureusement, une série d'autopsies a mis en évidence que de nombreux phéochromocytomes ne sont diagnostiqués qu'après la mort du patient [40].

Pour le diagnostic, il est recommandé de réaliser les dosages des métanéphrines en première intention. En effet, les mesures des métanéphrines plasmatiques et urinaires ont montré plus de précision que celles des CA et ceci quelle que soit la voie métabolique [7]. Ceci s'explique par :

- le métabolisme rapide des CA en métanéphrines au sein des tumeurs chromaffines provoque une sécrétion importante et continue de ces métabolites, tandis que la sécrétion des CA est faible et épisodique [51] ;
- les métanéphrines ont une demi-vie plus longue que les CA ce qui améliore la fiabilité du plasma entant que substrat [8] ;
- les métanéphrines sont des métabolites des CA par l'action de la COMT donc fournissent un moyen de tester préférentiellement la production des CA par les cellules chromaffines, avec réduction de l'interférence des CA produites au niveau du système nerveux sympathique [8].

Les dosages simultanés de la MN et de la NMN sont clairement les plus performants en permettant de sélectionner au mieux les patients qui devront bénéficier d'une imagerie des surrénales [4].

Les métanéphrines urinaires constituent les marqueurs les plus spécifiques des phéochromocytomes. Outre leur intérêt diagnostique, ces marqueurs permettent de suivre l'efficacité du traitement et de détecter les rechutes [38].

Cependant, le dosage des métanéphrines plasmatiques peut être un indicateur plus sensible de la présence de la tumeur [48].

Pour le neuroblastome, le pronostic est sombre en l'absence de dépistage précoce [1]. En effet, il faut rapidement instaurer une chimiothérapie pour réduire la taille de la tumeur avant son exérèse [35]. Si le traitement est institué avant 1 an, la survie à 3 ans est de 75%, mais si le diagnostic intervient tardivement, après 2 ans, elle tombe à 15% [1]. Leur diagnostic doit alors être le plus précoce possible et donc très sensible [35].

5.2. Les phéochromocytomes

Ce sont des tumeurs neuro-endocrines rares, généralement bénignes, des cellules chromaffines de la médullosurrénale ou du système sympathique. Elles surviennent surtout chez l'adule jeune (20-50ans) [1, 30, 36, 56]. Quoi qu'elles soient souvent la cause de symptômes débilitants et d'une qualité de vie médiocre, elles sont souvent négligées [27,57].

Malgré que leur incidence soit inférieure à 1-8/1 000 000 par an, ils nécessitent des tests sensibles et spécifiques pour exclure ou confirmer fiablement leur présence [36].

Parmi les diverses caractéristiques cliniques, l'hypertension artérielle (HTA) est la présentation la plus commune, avec les symptômes de céphalée, sudation excessive, de palpitations et de pâleur, qui sont présents chez plus de 90% des patients. Cependant, quelques patients peuvent être normotendus [10].

Le phéochromocytome sécrète de façon excessive des CA en quantité et de type variables, de façon exclusive ou associée, de façon continue ou discontinue. La sécrétion n'est pas contrôlée par l'influx nerveux puisque la tumeur est dépourvue d'innervation. C'est une cause rare d'HTA secondaire (0,1 à 0,2%) qui reste néanmoins importante à diagnostiquer en raison du risque létal pouvant survenir lors des complications hémodynamiques aigues. En effet, il peut être à l'origine d'une véritable cardiomyopathie adrénergique, responsable parfois de véritables tableaux cliniques, biologiques et électriques de syndrome coronarien aigu [1, 29, 58].

Certains auteurs indiquent que la localisation de la tumeur est surrénalienne dans 50% des cas, abdominale dans 40% des cas, rarement thoracique [1], d'autres suggèrent qu'elle est médullosurrénale à 90% avec 10% d'atteinte bilatérale [10,59] ; pour d'autres, la plupart des tumeurs sont abdominales à 95% [55].

Les paragangliomes ou phéochromocytomes extra-surrénaliens se développent hors de la glande surrénale au niveau des ganglions sympathiques ou à proximité. Ils ont tendance à sécréter un excès de NA, cependant, ils sont souvent non fonctionnels, sans aucun signe biochimique de l'excès de CA dans le plasma ou l'urine [1,10].

Selon les auteurs, il y a passage à la malignité dans 5 à 10% des cas [1,10].

Un nombre significatif de phéochromocytomes sont découverts à l'autopsie soulignant que plusieurs patients peuvent bien être asymptomatiques durant toute la vie du patient [10].

Les phéochromocytomes peuvent être classés comme sporadiques ou familiaux, avec la plupart des cas étant sporadiques [10]. Selon les auteurs, ces tumeurs s'intègrent dans des syndromes de prédisposition génétique dans 5 à 30% des cas ; dans ce cas, le phéochromocytome est une maladie héréditaire survenant soit isolé, soit associé à d'autres anomalies telles que les polyadénomatoses de type NEM (néoplasie endocrinienne multiple) et plus précisément la NEM de type 2A et 2B , les phacomatoses (Neurofibromatose de Recklinhausen, syndrome de Von Hippel-Lindau), ou les cancers médullaires thyroïdiens (Syndrome de Sipple) [1,7].

Le diagnostic du phéochromocytome dépend de l'index élevé de suspicion clinique et de la confirmation biochimique de la sécrétion excessive des CA [10]. Le moyen conventionnel de sa détection consiste à l'identification de l'élévation des CA dans l'urine. Cependant, il y a eu un certain nombre de cas cliniques dans lesquels ces résultats ne sont pas anormaux [39].

Les CA plasmatiques restent demandées pour la détection du phéochromocytome. Malheureusement, leur demi-vie courte rend la distinction entre une surproduction pathologique et une augmentation brutale passagère par les terminaisons nerveuses, dues au stress pendant le prélèvement sanguin, difficile. C'est pour cette raison que les métanéphrines fractionnées urinaires et plus récemment, les métanéphrines libres plasmatiques ont été proposés pour le dépistage biochimique du phéochromocytome [36].

Plusieurs études ont souligné les avantages de la mesure des métanéphrines fractionnées urinaires comme test de première ligne, pour éliminer les causes de l'HTA secondaire, notamment le phéochromocytome [10].

Les indications particulières pour le dépistage du phéochromocytome sont :

- Patients ayant une HTA associée à des céphalées, sudations, palpitations ou à des accès de vasoconstriction
- Patients ayant une labilité tensionnelle importante objective
- Patients ayant une HTA résistante au traitement médical, définie comme une pression artérielle systolique > 140 mmHg et/ou une pression artérielle diastolique ≥ 90 mmHg malgré une trithérapie à doses efficaces contenant au moins un diurétique
- Patients ayant un incidentalôme surrénalien
- Patients atteints d'une maladie génétique comme : une maladie de von Hippel-Lindau ; une NEM de type 2 ; une neuofibromatose de type 1 (NF1) ; un paragangliome héréditaire
- Patients de moins de 50 ans, diabétiques, hypertendus, ayant un indice de masse corporelle (IMC) <25 Kg/m^2 [7].

Un algorithme proposé pour les tests biochimiques du phéochromocytome est présenté dans la **Figure10**.

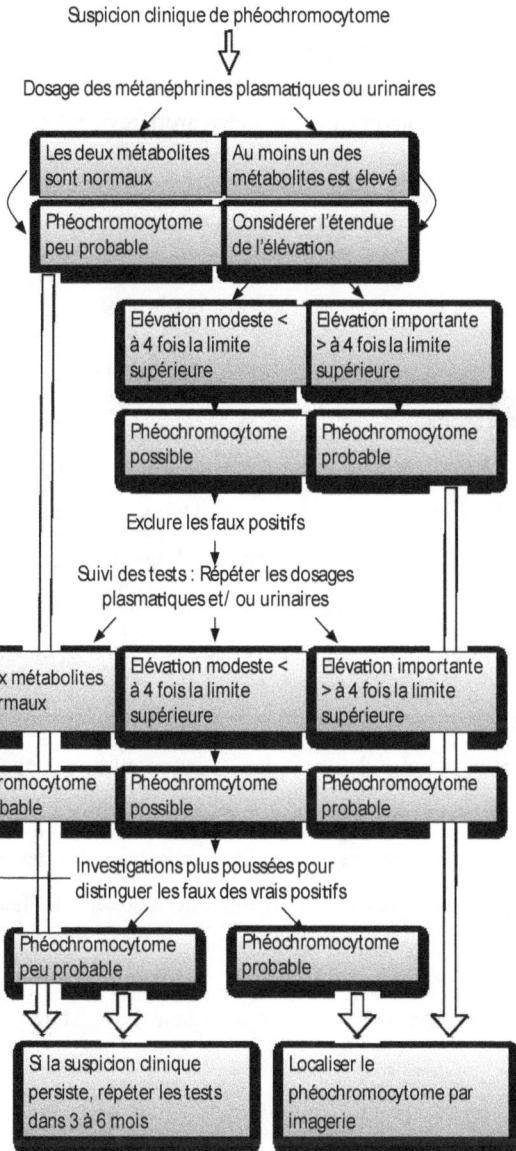

Les tests biochimiques du phéochromocytome

Suspicion clinique de phéochromocytome

Dosage des métanéphrines plasmatiques ou urinaires

1er test : dosage des métanéphrines libres plasmatiques ou totales urinaires

Les deux métabolites sont normaux | Au moins un des métabolites est élevé

Phéochromocytome peu probable | Considérer l'étendue de l'élévation

Élévation modeste < à 4 fois la limite supérieure | Élévation importante > à 4 fois la limite supérieure

Phéochromocytome possible | Phéochromocytome probable

Exclure les faux positifs

2ème test : répéter les dosages après considération des causes possibles de faux positifs

Suivi des tests : Répéter les dosages plasmatiques et/ ou urinaires

Les deux métabolites sont normaux | Élévation modeste < à 4 fois la limite supérieure | Élévation importante > à 4 fois la limite supérieure

Investigations complémentaires :

--Test de suppression par la clonidine

-- Chromogranine A plasmatique

Phéochromocytome peu probable | Phéochromocytome possible | Phéochromocytome probable

Investigations plus poussées pour distinguer les faux des vrais positifs

Phéochromocytome peu probable | Phéochromocytome probable

Si la suspicion clinique persiste, répéter les tests dans 3 à 6 mois | Localiser le phéochromocytome par imagerie

Figure 10 : Algorithme illustrant les tests de dépistage du phéochromocytome [8]

Si le test du phéochromocytome est cliniquement indiqué, le test initial devrait être le dosage des métanéphrines libres plasmatiques ou fractionnées urinaires ; le choix est dépendant des problèmes pragmatiques et des circonstances locales.

Si les tests sont négatifs, le phéochromocytome est alors peu probable.

Si les tests n'excluent pas la présence d'un phéochromocytome, il faut considérer l'étendue de l'élévation des métanéphrines :

- une concentration supérieure à 4 fois la limite supérieure est suggestive de phéochromocytome ;
- une concentration inférieure à 4 fois la limite supérieure est très probablement un résultat faussement positif. Donc, un deuxième test est nécessaire, il devrait chercher à minimiser les résultats faussement positifs. Pour cette raison, on favorise le dosage des métanéphrines fractionnées urinaires après arrêt des médicaments susceptibles de causer des résultats faussement positifs.

Si ce deuxième test est négatif, le phéochromocytome est peu probable. Si l'élévation est supérieure à 4 fois la limite supérieure, le phéochromocytome est probable. Par contre, pour une élévation inférieure à 4 fois la limite supérieure, des investigations complémentaires devraient être réalisées : dosage de la chromogranine A et test de suppression à la clonidine. Elles permettront de distinguer entre les vrais et les faux positifs [8].

La chromogranine A est un marqueur général des tumeurs neuroendocrines [7]. Son taux est corrélé avec la masse tumorale et l'activité sécrétoire [62]. Elle représente aussi un marqueur de réponse après traitement [6].

En cas d'élévation modérée des métanéphrines plasmatiques ou urinaires, ce dosage permet soit de confirmer le diagnostic soit de l'infirmer en présence d'interférences médicamenteuses [7].

La clonidine est un agoniste des récepteurs alpha-1, elle supprime la production de NA par les nerfs sympathiques. En effet, la plupart des tests faussement positifs sont dus à la production de NA par le système nerveux sympathique. La suppression de la NA plasmatique ou de la NMN 3 heures après introduction de la clonidine exclut le diagnostic de phéochromocytome ; par contre, l'échec de suppression est favorable, plutôt que confirmatoire [8].

Si le phéochromocytome est peu probable et que la suspicion clinique persiste, il faut répéter les tests dans 3 à 6 mois.

L'imagerie, très coûteuse, devrait être réalisée devant un phéochromocytome probable après le diagnostic biochimique [8].

Le traitement est basé sur l'exérèse chirurgicale après localisation par échographie, tomodensitométrie (TDM) (Figure11), ou scintigraphie à la MIBG (méta-iodobenzylguanidine) [1].

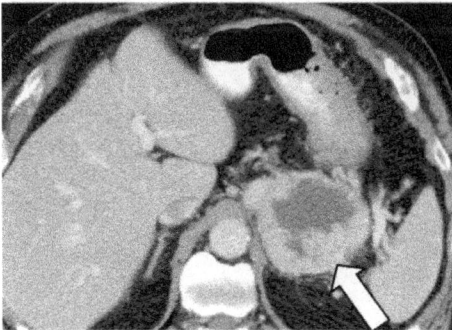

Figure 11 : Scanner abdominal (TDM) : imagerie typique d'un phéochromocytome surrénalien [61]

Après exérèse chirurgicale du phéochromocytome **(Figure12)**, l'évidence biochimique de la guérison ne peut pas être obtenue immédiatement : la production des métabolites des CA reste élevée, quoiqu'ils baissent, durant la première semaine suivant l'ablation de la tumeur. La normalisation des concentrations des métanéphrines plasmatiques ou urinaires doivent être vérifiées 10 jours après l'opération. Si ces concentrations restent élevées, une scintigraphie MIBG-I[123] doit être réalisée et peut divulguer des métastases distantes dont l'absorption MIBG a été masquée avant l'opération par l'activité métabolique primaire élevée de la tumeur **[63]**.

Comme le phéochromocytome et le paragangliome peuvent récidiver, les patients opérés doivent être suivis pour le reste de leur vie **[63]**. Cette surveillance est annuelle, clinique (symptômes, pression artérielle) et biologique (mesure de la glycémie et des métanéphrines) **[56]**. En effet, la surrénalectomie fait chuter les métanéphrines, parcontre, la récidive ou l'évolution en cancer les fait remonter **[30]**. L'imagerie n'est nécessaire que si la biologie est anormale **[56]**.

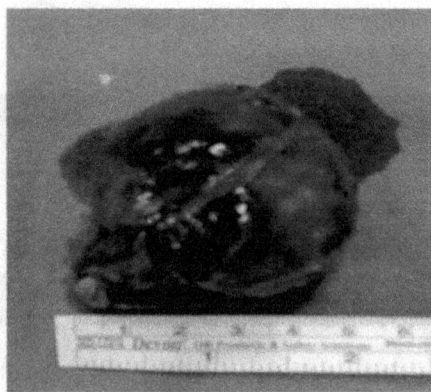

Figure 12: Image illustrant un spécimen de la tumeur (phéochromocytome mesurant 4,8x5,5 cm) [60]

5.3. Les neuroblastomes

Les neuroblastomes sont des tumeurs rares de la petite enfance et de l'enfance, se traduisant cliniquement par une masse abdominale de croissance rapide [31].

Ce sont des tumeurs malignes apparaissant entre 3 mois et 5 ans [1]. L'âge moyen de diagnostic est de 18 mois [2].

Les neuroblastomes peuvent être sporadiques ou familiaux. Dans ce dernier cas, il s'agit d'une transmission autosomale dominante [64].

Pour les cas sporadiques, la transformation maligne résulte probablement de l'interaction des variants communs d'ADN où chaque variation individuelle a relativement un effet modeste dans la susceptibilité [64].

Ces tumeurs embryonnaires se développent à partir de cellules issues de la crête neurale donnant normalement naissance aux ganglions sympathiques et à la médullosurrénale [1].

Les neuroblastomes peuvent siéger à tous les niveaux de l'organisme. La localisation rétropéritonéale est largement prédominante (75 %), la localisation médiastinale postérieure représente 20 % des cas (surtout au 1/3 supérieur).

Les autres localisations (pelviennes, cervicales, ganglions sympathiques intracrâniens) sont plus rares [1].

La symptomatologie est liée au siège de la tumeur primitive et aux métastases. On observe une anorexie, des signes digestifs (vomissements, diarrhées) dus au VIP (vaso-intestinal peptide) et une augmentation du volume abdominal [1].

Les douleurs abdominales et la fièvre orientent parfois vers un tout autre diagnostic. Les tumeurs thoraciques sont souvent découvertes lors d'une radiographie pulmonaire systématique. Les tumeurs en sablier, associant une tumeur rétropéritonéale, ou le plus souvent thoracique, provoquent des douleurs, parfois une paraplégie. Les tumeurs cérébrales très rares entraînent des signes neurologiques. Les tumeurs pelviennes provoquent des troubles de compression mécaniques (rectaux et urinaires) et des œdèmes de la région sus-pubienne. La diffusion métastatique du neuroblastome est très précoce se faisant par voie lymphatique ou sanguine essentiellement dans le squelette avec atteinte de la moelle osseuse [1].

Le myélogramme ou la biopsie osseuse montre l'envahissement de la moelle par des cellules neuroblastiques groupées en amas caractéristiques, ceci à tous les âges, et surtout dans le foie chez le nourrisson. Les métastases ganglionnaires sont fréquentes [1].

Le signe d'appel évocateur d'une métastase de neuroblastome est souvent le retard de la marche vers l'âge de 1 an ou la douleur d'une jambe à la station debout [1].

Différents stades d'évolution ont été décrits en 1971 par Evans :

- Stade I : un seul organe atteint ;

- Stade II : extension contigüe latéralisée ;

- Stade III : extension bilatérale ;

- Stade IV : extension à distance [1].

Le pronostic du neuroblastome est déterminé par :

❖   Le stade d'extension de la maladie
❖   L'âge de l'enfant
❖   L'amplification de l'oncogène MYCN dans le tissu tumoral [65].

La plupart des neuroblastomes sont capables de synthétiser et de sécréter des catécholamines à des quantités importantes [1].

La voie du métabolisme des CA la plus spécifiquement perturbée dans les neuroblastomes est celle de la DA. Le caractère biochimique classique des neuroblastomes est donc l'élévation de l'excrétion urinaire de la DA libre, de l'HVA et du VMA. Dans la plupart des cas, le dosage de la 3-MT, de l'HVA et de la DA suffit pour confirmer un neuroblastome [35].

Certaines tumeurs sont inactives et on ne retrouve aucun métabolite en excès au niveau sanguin et urinaire (déficit en THL des neuroblastes) [1].

5.4.Les états pathologiques de la déficience en CA

▪ Une absence congénitale du cortex surrénalien peut causer une absence de développement de la médullosurrénale. La perte des deux glandes surrénales produit rarement un état de déficience en CA, probablement à cause de la production des CA dans le SNC (NA produite dans les neurones sympathiques). Un exemple où le déficit est remarquable, c'est chez les patients diabétiques insulinodépendants. En état d'hypoglycémie, les CA sont nécessaires pour déclencher la glycogénolyse hépatique comme une réponse habituelle de contre-régulation. Si une neuropathie autonome est présente, alors la libération insuffisante d'A durant l'hypoglycémie peut causer une déficience métabolique et prolonger sa durée [2].

▪ Les patients ayant une déficience sévère en 21-hydroxylase (enzyme de la corticosurrénale qui catalyse la biosynthèse des minéralocorticoïdes et des glucocorticoïdes) présentent une diminution nette des concentrations plasmatiques d'A, associée à une formation incomplète de la médullosurrénale. Ces patients ont également des concentrations plasmatiques basses de MN, compatible avec la baisse du stockage médullaire de l'A [14].

Les caractéristiques initiales de ce syndrome permanent comprennent l'hypotension orthostatique sévère, la congestion nasale, l'hyperextensibilité des articulations ainsi que l'éjaculation rétrograde. Le diagnostic est réalisé chez les patients présentant une hypotension orthostatique sévère, un rapport NA/DA plasmatique inférieur à 1 et une immunoréactivité et activité enzymatique de la DBH indétectables [2].

- Dans la maladie d'Addisson, maladie auto-immune caractérisée par une sécrétion insuffisante de glucocorticoïdes et de minéralocorticoïdes, il y a une déficience de la sécrétion d'A par la médullosurrénale. La médullaire est intacte, mais les niveaux plasmatiques d'A sont diminués ; ceci subsiste malgré le remplacement glucocorticoïde **[14]**.

- Dans l'insuffisance corticosurrénalienne secondaire chez les enfants souffrant d'insuffisance hypophysaire hypocorticotrophe, la sécrétion d'A est déficiente **[14]**.

ETUDE DE CAS CLINIQUES

Dans cette partie nous présentons 3 cas cliniques comportant un contexte où le dosage des métanéphrines peut être important pour le diagnostic.

1. PRESENTATION DU CAS CLINIQUE N°1

Il s'agit de la patiente N.K, âgée de 45 ans, originaire du Kef, admise en mars 1997 au service d'endocrinologie de l'Institut National de Nutrition pour suspicion de néoplasie endocrinienne multiple (NEM).

Elle a consulté son médecin traitant au service de gastrologie pour un malaise englobant : une fatigue extrême, des troubles visuels (sensation de voile devant les yeux), des paresthésies des extrémités avec une sensation de lipothymie, des bouffées de chaleur, des céphalées, des palpitations, une pâleur ainsi qu'un amaigrissement notable (perte de 4 kg en 3 mois).

Comme antécédents, la patiente a été opérée en 1975 pour tumeur du sein droit. En 1992, elle a été opérée pour un ulcère du bulbe résistant au traitement médical, cependant, il a récidivé après quelques années. Elle présente un état anxio-dépressif traité par des anxiolytiques.

L'examen clinique a montré une HTA à 15/10,5 mmHg (notion d'HTA surtout labile), un IMC à 30,2 Kg/m^2, une pâleur cutanéo-muqueuse et une thyroïde palpable de taille normale. Elle ne présente ni lésions cutanées ni œdèmes.

Les diagnostics évoqués sont : le phéochromocytome, l'hypoglycémie, l'hyperthyroïdie et la NEM.

Les résultats du bilan biologique sanguin sont présentés dans le **Tableau VI.**

Tableau VI : Résultats du bilan biologique sanguin pour le cas clinique N°1

Paramètre dosé	Résultat	Valeurs de référence	Interprétation
Glycémie à jeun	5,5 mmol/l	3,9-6,1 mmol/l	Normale
Créatinine	68 µmoles/l	53-88 µmoles/l	Normale
Cholestérol total	4,16 mmol/l	4,6-6,2 mmol/l	Normal
Triglycérides	1,09 mmol/l	0,55-1,92 mmol/l	Normaux
Calcium	2,37 mmol/l	2,22-2,62 mmol/l	Normal
Acide urique	203 µmol/l	150-360 µmol/l	Normal
FT4	30,5 pmol/l	11,1-21,6 pmol/l	Elevée
TSH	1,45uU/ml	0,36-3,98 uU/ml	Normal
Gastrine	40 ng/l	15-110 ng/l	Normale

Une HGPO (hyperglycémie provoquée par voie orale) sur 3 heures a été réalisée et a donné des résultats normaux.

Les éléments cliniques en faveur du phéochromocytome sont : l'HTA labile, la triade pâleur-palpitations-bouffées de chaleur, les céphalées ainsi que l'amaigrissement. Les troubles visuels et l'anxiété peuvent aussi être des indicateurs de la présence de la tumeur.

Le diagnostic d'hypoglycémie est éliminé du fait que la patiente est traitée par les anxiolytiques, que la glycémie à jeun est normale et que l'HGPO est normale.

Le dosage de la TSH normal a permis d'éliminer la dysthyroïdie.

La gastrinémie est normale ce qui a permis d'éliminer la NEM.

Le dosage du VMA urinaire 3 jours de suite a été effectué par la méthode en chromatographie d'échange d'ions sur mini-colonne (Biosystems), les résultats du dosage sont présentés dans le **Tableau VII.**

Tableau VII : Résultats du dosage urinaire du VMA pour le cas clinique N°1 : Première détermination

Jour du prélèvement	Résultat (en mg/24h)	Valeurs normales (en mg/24h)	Interprétation
1er jour	7,6 mg/24h	7-33	Normal
2ème jour	4,7 mg/24h		Normal
3ème jour	9,5 mg/24h		Normal

La patiente a été sortante avec un rendez-vous à la consultation externe en avril 1997.

Pendant cette consultation, la patiente a décrit la persistance des bouffées de chaleur et de l'asthénie. Elle a aussi rapporté des douleurs de l'épaule gauche et du poignet gauche ainsi que des palpitations. Il a alors fallu éliminer un trouble paroxystique.

Une consultation en cardiologie a éliminé des troubles de rythme cardiaques paroxystiques.

La patiente a été réhospitalisée en mai 1997.

Elle est non encore ménopausée avec un cycle régulier tous les mois.

Un dosage du VMA urinaire 3 jours de suite lui a été refait, les résultats sont présentés dans le **Tableau VIII**.

**Tableau VIII : Résultats du dosage urinaire du VMA pour le cas clinique N°1 :
Deuxième détermination**

Jour du prélèvement	Résultat (en mg//24h)	Valeurs normales (en mg/24h)	Interprétation
1er jour	11,3 mg/24h		Normal
2ème jour	7,9 mg/24h	7-33	Normal
3ème jour	6,3 mg/24h		Normal

Le dosage du VMA urinaire était normal pour la 2ème fois d'où un dosage des métanéphrines urinaires totales lui a été réalisé. Ce dosage aussi a donné un résultat normal à 0,55 mg/l (VN : 1 mg/24h).

La patiente a été sortante avec un rendez-vous dans 2 mois à la consultation externe ; depuis, elle a été perdue de vue.

2. PRESENTATION DU CAS CLINIQUE N°2

Il s'agit de la patiente G.D, âgée de 47 ans, originaire de Tunis, admise en février 1997 au service d'endocrinologie de l'Institut National de Nutrition pour suspicion de phéochromocytome.

Elle a consulté 2 ans auparavant pour des palpitations, des bouffées de chaleur, des sueurs profuses paroxystiques ainsi que pour des céphalées importantes. Les céphalées ne sont ni associés à des nausées ni à des troubles visuels, elles ont fait l'objet d'un suivi en neurologie, pendant lequel un pic hypertensif a été objectivé à deux reprises (tension artérielle systolique à 18 mmHg).

En décembre 1996, la patiente a déjà consulté en médecine interne devant la survenue d'un épisode similaire. Elle a été hospitalisée pendant 3 jours pour un malaise d'origine vagale.

La patiente présente des antécédents d'hernie discale lombaire opérée en 1987. Elle a présenté des cycles irréguliers 4 ans auparavant.

A l'admission, en février 1997, la patiente a décrit des bouffées de chaleur et une aménorrhée depuis 8 mois, un essoufflement à l'effort ainsi qu'une HTA paroxystique qui se suit d'une hypotension artérielle.

L'examen clinique a montré un profil tensionnel normal (pression artérielle systolique à 13 mmHg), un IMC de 33,2 Kg/m^2, on note donc une obésité de la patiente. Cependant, il n'y a pas de signes cutanés ni de masse abdominale palpable et l'examen cardiologique est normal. Il n'y a pas eu de pic tensionnel pendant l'hospitalisation.

Ce tableau fait de bouffées de chaleur apparues il y a 4 ans associées à des sueurs profuses et des palpitations sans HTA objectivée durant ces épisodes permet d'évoquer :

- En premier lieu : une ménopause physiologique
- En second lieu : un phéochromocytome

Les éléments en faveur du phéochromocytome sont les pics d'HTA qui se suivent d'hypotension orthostatique, les palpitations, les sueurs profuses ainsi que les céphalées importantes.

Les éléments cliniques tendant à éliminer le phéochromocytome sont l'absence d'HTA lors de ces épisodes ainsi que l'absence d'amaigrissement. Au contraire, il y a une prise de poids.

Il convient par ailleurs de rechercher une association dans le cadre d'une NEM :

une hyperparathyroïdie, un cancer médullaire de la thyroïde ou une maladie de Von Recklinghausen, toutefois il n'y a pas de cas similaires dans la famille.

- En troisième lieu : une autre cause d'HTA telle que : un syndrome de Cushing (toutefois il n'y a pas de signes cliniques en faveur), un syndrome de Conn ou une HTA réno-vasculaire.

Les résultats du bilan biologique sanguin sont présentés dans le **Tableau IX**.

Tableau IX : Résultats du bilan biologique sanguin pour le cas clinique N°2

Paramètre dosé	Résultat	Valeurs de référence	Interprétation
Glycémie à jeun	5,2 mmol/l	3,9-6,1 mmol/l	Normale
Créatinine	79 µmol/l	53-88 µmol/l	Normale
Acide urique	238 µmol/l	150-360 µmol/l	Normal
Cholestérol total	4,60 mmol/l	4,6-6,2 mmol/l	Normal
Triglycérides	1 mmol/l	0,55-1,92 mmol/l	Normaux
Sodium	140,3 mmol/l	137-145 mmol/l	Normal
Potassium	4,45 mmol/l	3,5-4,5 mmol/l	Normal
Bicarbonates	23 mmol/l	22-30 mmol/l	Normaux
Calcium	2,47 mmol/l	2,22-2,62 mmol/l	Normal
Phosphore	1,19 mmol/l	0,6-1,4 mmol/l	Normal

La calcémie et la phosphorémie sont normales, ceci permet d'éliminer l'hyperparathyroïdie.

L'ionogramme sanguin est normal ce qui permet d'éliminer le syndrome de Conn.

L'échographie abdominale s'est avérée normale avec des loges surrénaliennes vides.

Les résultats du dosage du VMA urinaire 3 jours de suite sont présentés dans le **Tableau X.**

Tableau X : Résultats du dosage urinaire du VMA pour le cas clinique N°2

Jour du prélèvement	Résultat (en mg/24h)	Valeurs normales (en mg/24h)	Interprétation
1er jour	6,3		Normal
2ème jour	9,4	7-33	Normal
3ème jour	9,02		Normal

Le dosage du VMA urinaire 3 jours de suite a donné des résultats normaux.

La patiente a été sortante avec un rendez-vous à la consultation externe dans 1 mois.

La patiente a été réhospitalisée en mars 1997 se plaignant toujours de la même symptomatologie.

Le bilan biologique est toujours normal.

Le clinicien pense en premier lieu à éliminer la ménopause physiologique par le dosage de la FSH et de la LH, et en deuxième lieu au phéochromocytome.

Les résultats du dosage de la FSH et de la LH sont présentés dans le

Tableau XI.

Tableau XI : Résultats du dosage de la FSH et de la LH pour le cas clinique N°2

Paramètre dosé	Résultat	Valeurs de référence	Interprétation
FSH	96 mU/ml	2-15 mU/ml	Très élevée
LH	16,1 mU/ml	1,5-9 mU/ml	élevée

Le diagnostic le plus probable est le syndrome ménopausique.

La patiente a été sortante avec un rendez-vous à la consultation externe dans 2 mois, et depuis, elle a été perdue de vue.

3. PRESENTATION DU CAS CLINIQUE N°3

Il s'agit de la patiente F.O, âgée de 22 ans, originaire de Tozeur, admise en juillet 2011 au service d'endocrinologie de l'Institut National de Nutrition pour bilan d'incidentalome surrénalien.

La patiente a consulté en mai 2011 pour des douleurs persistantes de l'hypochondre droit (HCD). Dans le cadre de l'exploration de ces douleurs, une échographie abdominale lui a été réalisée et a objectivé un incidentalôme surrénalien. Un complément d'exploration par une TDM a révélé une masse surrénalienne gauche de 1,5x5x4,5 cm.

Comme antécédents, la patiente a présenté des coliques néphrétiques droites avec plusieurs épisodes d'hématurie pour lesquels elle a été hospitalisée durant l'enfance. Une échographie réalisée devant ces signes a objectivé une lithiase rénale unilatérale droite.

La patiente a eu sa ménarche à l'âge de 10 ans. Il y a 1 an, elle a subi une appendicectomie ainsi que l'ablation d'un kyste de l'ovaire.

La patiente décrit des douleurs lombaires et des épigastralgies.

L'examen clinique montre :

Une tension artérielle normale : 11/6 mmHg en position debout et 11/6 mmHg en position couchée.

L'IMC de la patiente est de 16,66 Kg/m^2 suite à un amaigrissement notable.

L'examen abdominal montre :

-      Une lentiginose cutanée axillaire et inguinale
-      Des tâches café au lait multiples disséminées sur tout le corps, allant de quelques millimètres à 4 cm du grand axe, et dont 7 mesurant plus de 1,5 cm.
-      Des neurofibromes de la cuisse, de l'avant bras et des seins.

La présence d'un nodule surrénalien (sécrétant ou non sécrétant) fait penser à :

❖ Un phéochromocytome

❖ Un hyperaldostéronisme

❖ Un syndrome de Cushing

Les signes cutanés de la patiente (lentiginose, tâches café au lait, neurofibromes) évoqueraient une neurofibromatose de type 1 (NF1), encore appelée maladie de Von Recklinghausen, qui pourrait s'accompagner de tumeurs multiples notamment endocriniennes type phéochromocytome. Cette maladie est normalement autosomique dominante mais la patiente ne rapporte aucun cas similaire dans la famille.

Les résultats du bilan biologique sanguin sont présentés dans le **Tableau XII**.

Tableau XII : Résultats du bilan biologique sanguin pour le cas clinique N°3

Paramètre dosé	Résultat	Valeurs de référence	Interprétation
Potassium	3,4 mmol/l	3,5-4,5 mmol/l	Normal
Sodium	135 mmol/l	135-145 mmol/l	Normal
Calcium	2,29 mmol/l	2,22-2,62 mmol/l	Normal
Phosphore	1,14 mmol/l	0,6-1,4 mmol/l	Normal
Testostérone après extraction	1,86 ng/ml	0,1-0,58 ng/ml	Normale
Déhydro-Epi-Androstérone (DHEA) après extraction	681 ng/ml	100-800 ng/ml	Normale
Aldostérone plasmatique	84,7 pM/L	Position couchée : 116-558 pM/L Position debout : 269-1734 pM/L	Diminuée
Rénine active plasmatique	8,05 pg/ml	Position couchée : 3,6-20,1 pg/l Position debout : 5,1-38,7 pg/l	Normale
Gastrine	34 ng/l	15-110 ng/l	Normale
Calcitonine	6 ng/l	< à 10 ng/l	Normale

Les résultats du bilan biologique urinaire sont présentés dans le **Tableau XIII**.

Tableau XIII : Résultats du bilan biologique urinaire pour le cas clinique N°3

Paramètre dosé	Résultat	Valeurs de référence	Interprétation
Calciurie	3,85 mmol/24h	2-7,5 mmol/24h	Normale
Créatinine urinaire	12,2 mmol/24h	9-18 mmol/24h	Normale
Kaliurie	40,6 mmol/24h	25-130 mmol/24h	Normale
Natriurie	133 mmol/24h	50-220 mmol/24h	Normale
Phosphaturie	25,8 mmol/24h	7-32 mmol/24h	Normale

Les données cliniques (absence d'HTA et de paresthésies) et biologiques (ionogramme sanguin et urinaire normal et aldostérone plasmatique diminuée) ont permis d'éliminer l'hyperaldostéronisme.

Le taux de rénine active plasmatique normal et l'absence de signes cliniques en faveur ont permis d'éliminer le syndrome de Cushing.

L'IRM cérébrale n'a pas montré de signes en faveur de tumeur nerveuse.

Un examen radiologique du rachis lombaire réalisé dans le cadre de l'exploration des douleurs lombaires sans irradiation n'a pas montré de lésions osseuses.

Les résultats d'une FOGD (fibroscopie gastro-duodénale) et de la gastrinémie a permis d'éliminer une tumeur gastrique.

Les recherches d'Ac anti-transglutaminase IgA et d'Ac anti-gliadine (IgA et IgG) se sont révélés négatifs ce qui a permis d'éliminer la maladie cœliaque.

Les résultats du dosage des métanéphrines fractionnées urinaires 3 jours de suite par la méthode de CLHP sont présentés dans le **Tableau XIV**.

Tableau XIV : Résultats du dosage des métanéphrines fractionnées urinaires pour le cas clinique N°3

Paramètre dosé et jour du dosage	Résultat (en nmol/mmol créatinine)	Valeurs de référence (en nmol/mmol créatinine)	Interprétation
1er jour			
MN	1011	15-120	Elévation importante
NMN	461		Elevé
2ème jour		<280	
MN	803		Elévation importante
NMN	434		Elevé
3ème jour			
MN	909		Elévation importante
NMN	446		Elevé

Les résultats du dosage des métanéphrines fractionnées urinaires sont très élevés, ce qui permet de confirmer la présence d'un phéochromocytome.

La patiente a été mise sortante sous famodine® pour ses épigastralgies avec un rendez-vous dans un mois pour la surrénalectomie.

En octobre 2011, la patiente a été opérée : surrénalectomie gauche par cœlioscopie. Elle a eu des suites opératoires simples.

En novembre 2011, la patiente est adressée au service d'endocrinologie pour un éventuel suivi et complément de prise en charge.

4. DISCUSSION

L'HTA est essentielle dans 90% des cas. Dans 5 à 10% des cas, il existe une cause identifiable à l'HTA ; la découverte de ces étiologies permet d'envisager un traitement étiologique [30,66].

La recherche d'une HTA secondaire par des tests biologiques ou d'imagerie n'est envisagée que si l'interrogatoire, l'examen clinique ou les examens systématiques recommandés apportent une orientation étiologique [30].

L'examen clinique recherche une asymétrie des pouls (évoquant une coarctation aortique), un souffle para-ombilical (évoquant une sténose artérielle rénale), un rein palpable et d'autres signes comme la triade sueurs-pâleur-palpitations évocatrice d'un phéochromocytome [30].

Le bilan biologique recherche des anomalies de la fonction rénale ou de la kaliémie qui orientent vers quelques causes spécifiques, par exemple l'hypokaliémie évoque un hyperaldostéronisme et oriente alors vers la réalisation d'examens biologiques spécifiques [30].

Le phéochromocytome est d'emblée évoqué devant une hypertension sévère, paroxystique ou permanente ; mais cette HTA typique n'est présente qu'une fois sur deux. Dans 30 à 40 % des cas, les patients ayant un phéochromocytome authentique sont normotendus [67]. Cette normalité de la tension artérielle s'explique par une sécrétion prédominante d'A ou de DA [10].

La tension artérielle normale de la patiente du cas clinique N°3 s'explique par une sécrétion prédominante d'A, qui a été justifiée par l'élévation beaucoup plus importante de la MN (dérivé méthoxylé de l'A) par rapport à celle de la NMN.

Les manifestations cliniques des phéochromocytomes sont les céphalées et la triade palpitations-pâleur-sueurs [30] ; L'HTA paroxystique ou permanente est aussi l'un des éléments les plus classiques. Ces symptômes ne sont toutefois pas obligatoires et d'autres signes cliniques peuvent se présenter : alternance rapide d'hyper et d'hypotension artérielle [68], douleur thoracique, anomalies électrocardiographiques, troubles de la vision (cas clinique N°1), perte pondérale (cas clinique N°1 et N°3), intolérance à la chaleur, hyperglycémie, nausées, vomissements et troubles psychiatriques tel que l'anxiété (cas clinique N°1). Tous ces symptômes peuvent apparaître seuls et ne sont pas spécifiques, rendant le diagnostic clinique difficile dans certains cas [69].

La sécrétion des CA peut être faible et/ou intermittente notamment dans le cas des petites tumeurs, de plus, elles ont une demi-vie courte, cela pourrait expliquer dans certains cas la discordance flagrante entre les CA et les métanéphrines et l'absence de l'HTA [70].

Il est décrit que, dans certains cas particuliers, les CA plasmatiques et urinaires peuvent être normales, il en est de même pour le VMA urinaire [70]. En effet, le dosage du VMA urinaire peut manquer de sensibilité dans la détection d'un phéochromocytome sécrétant de façon prédominante l'A [71], De plus, ce métabolite est produit essentiellement au niveau du foie [30].

Le dosage du VMA urinaire est le test le moins sensible [72] et, des études ont confirmé que ce dosage n'est pas un test approprié pour l'identification des patients ayant cette tumeur [71].

Smythe et al. ont rapporté un cas où l'excrétion de l'A est insuffisante pour augmenter notablement la concentration des métanéphrines totales. Donc ce dosage est insuffisant sur le plan diagnostique [71].

Certains auteurs sont totalement contre le dosage des métanéphrines totales et du VMA urinaires dans le diagnostic du phéochromocytome. Ils considèrent que l'emploi généralisé de ces procédures analytiques dépassées est la majeure raison pour laquelle plus de la moitié des phéochromocytomes restent non diagnostiqués avant l'opération chirurgicale ou l'autopsie [71].

Le dosage des métanéphrines fractionnées est le test de dépistage le plus fiable pour les patients suspects d'avoir un phéochromocytome, qu'il s'agisse de ceux présentant une symptomatologie suggestive (cas clinique N°1 et N°2), ou de patients asymptomatiques chez lesquels une masse surrénalienne cliniquement silencieuse a été détectée de manière fortuite (cas clinique N°3) [71].

Une approche de dépistage plus fiable des métanéphrines fractionnées urinaires consiste à réaliser la mesure dans plus d'un recueil d'urines (3 jours consécutifs) [4,10].

Le dosage des dérivés méthoxylés plasmatiques reste le plus sensible. Il est considéré comme ayant le meilleur index actuel d'hypersécrétion des CA, capable de révéler la présence d'un phéochromocytome quelle que soit sa taille et sa présentation clinique. Mais nous remarquons que la réalisation de ce dosage est encore limitée à quelques laboratoires même au niveau international [70].

L'incidentalôme surrénalien, néologisme dérivé du terme anglo-saxon « incidental tumor », est une tumeur surrénalienne asymptomatique, d'au moins 1 cm de diamètre, découverte de manière fortuite au cours d'un examen d'imagerie médicale. L'atteinte est le plus souvent unilatérale et droite. La prévalence des incidentalômes surrénaliens est diversement appréciée. Elle dépend de la taille de la tumeur, de la nature de l'examen radiologique ou du type d'investigation pratiquée. Ainsi, 0,1 % des incidentalômes sont visualisés au cours d'une échographie abdominale, 1 à 5 % au cours d'une TDM abdominale ou thoracique et 2 à 9 % lors d'une autopsie. Leur prévalence augmente avec l'âge. Dans les séries autopsiques, elle est inférieure à 1 % en deçà de 30 ans, atteint 3 % à 50 ans et 7 % au-delà de 70 ans. Dans plus de la moitié des cas, les patients sont entre la cinquième et la sixième décade. Pour certains auteurs, les incidentalômes seraient plus fréquents chez la femme, sex-ratio 1,43.

Cette relative prédominance pourrait être due à l'incidence plus élevée, chez la femme, des pathologies hépatovésiculaires [67].

Les pathologies surrénaliennes explorées systématiquement pour tout incidentalôme sont :

❖ Le syndrome de Cushing
❖ Le phéochromocytome
❖ L'hyperaldostéronisme [73].

Pour le cas clinique N°3, l'incidentalôme surrénalien a été découvert sur une échographie pratiquée dans le cadre de l'exploration de douleurs de l'HCD persistantes.

La neurofibromatose 1 (NF1) ou maladie de Von Recklinghausen est une phacomatose à transmission autosomique dominante, elle touche 1/4000 à 1/3000 individus avec une répartition mondiale homogène et une incidence estimée à 1/2500 naissances. Le gène NF1 responsable de la maladie, est localisé sur le bras long du chromosome 17 en 17q11.2, il s'agit d'un gène suppresseur de la tumeur de grande taille qui code une protéine cytoplasmique : la neurofibromine [74].

Sur le plan clinique, la maladie de Von Recklinghausen est caractérisée par l'association de tâches café au lait, des fibromes cutanés, d'une lentiginose axillaire ou inguinale. Peuvent s'y associer des lésions squelettiques (pseudoarthrose du tibia), des atteintes vasculaires à type d'anévrysme intracrânien, des sténoses des artères rénales, un retard mental [75] et parfois une hématurie [76].

Au cours de la maladie de Von Recklinghausen, l'atteinte surrénalienne est fréquente [75] ; 4 à 30% des phéochromocytomes surviennent dans le cadre de la NF1 [76].

Les phéochromocytomes sont habituellement surrénaliens ou à proximité de la glande et sont volontiers bilatéraux et multiloculaires, ils touchent des sujets plus jeunes (30%) mais le risque de transformation maligne est plus faible que chez l'adulte [75].

La localisation tumorale est précisée par l'imagerie. L'échographie ou la TDM hélicoïdale, pour localiser le phéochromocytome ectopique ou de petite taille, ou bien l'IRM qui permet une exploration plus complète [75].

L'exérèse peut être réalisée aussi bien par une chirurgie à ciel ouvert que par la voie laparoscopique. La voie d'abord la plus utilisée actuellement est la voie cœlioscopique [75].

En conclusion, les deux premiers cas cliniques présentés correspondent à une suspicion de phéochromocytome sur la base d'un tableau clinique en faveur, mais qui n'a pas été confirmé par les dosages des métabolites. Dans ces deux cas cliniques, le diagnostic le plus probable serait la ménopause physiologique. Un dosage des métanéphrines fractionnées aurait permis d'éliminer de manière formelle le diagnostic de phéochromocytome.

Concernant le troisième cas clinique, il s'agit d'un phéochromocytome atypique, sans tableau clinique évocateur, et le diagnostic a été porté grâce au dosage des métanéphrines fractionnées urinaires.

Malgré les progrès techniques, le diagnostic du phéochromocytome reste délicat du fait des nombreuses pathologies qui s'accompagnent d'une sécrétion accrue de CA en l'absence de tumeur détectable, et à l'inverse du fait de la diversité des tableaux cliniques des phéochromocytomes dont certains peuvent rester parfaitement silencieux pendant des années [70].

CONCLUSION

Le phéochromocytome est une tumeur, quoique rare, très importante à diagnostiquer vu qu'elle a souvent un diagnostic évolutif défavorable. Malheureusement, le phéochromocytome est diagnostiqué au cours de la vie chez moins de la moitié des patients. La haute prévalence des tumeurs découvertes à l'autopsie amène à penser que les critères de diagnostic usuel doivent être réévalués.

Les CA elles-mêmes sont de pauvres indicateurs de la présence d'un phéochromocytome. En effet, ce sont des hormones très largement sécrétées dans les conditions de stress (prise de sang, douleur…).

Le VMA n'est qu'un très faible marqueur de la présence de la tumeur. En effet, il est produit essentiellement au niveau du foie. De plus, dans certains cas particuliers de tumeurs sécrétant de façon prédominante l'A, son dosage donne des valeurs faussement négatives.

L'augmentation de la sensibilité et de la spécificité des tests réalisés a modifié la stratégie de diagnostic biologique : les seuls dosages des métanéphrines plasmatiques et/ou urinaires doivent être réalisés en première intention car elles ont montré plus de précision que celles des CA et du VMA urinaire et ceci quelle que soit la voie métabolique.

Nous avons présenté dans ce travail 3 cas cliniques qui ont montré d'un côté l'insuffisance de paramètres tels que le VMA ou les métanéphrines totales, et d'un autre côté l'intérêt du dosage des métanéphrines fractionnées urinaires dans le diagnostic du phéochromocytome.

Les analyses plasmatiques pourraient constituer dans l'avenir une alternative permettant de mieux affiner ce diagnostic. Des méthodes telles que la LC-MS/MS pourraient dans l'avenir constituer des moyens de dosage très fiables.

BIBLIOGRAPHIE

1. **Durand G, Beaudeux L**. Biochimie médicale. Editions Médicales internationales; 2W008.p. 381-387.

2. **Fung MM, Viveros OH, O'Connor DT**. Diseases of adrenal medulla. Acta Physiologica 2008; 192(2): 325-335.

3. **Courtney MT, Beauchamp RD, Evers BM, Mattox KL**. The Biological Basis of Modern Surgical Practice : 18th Edition. Expert Consult; 2008.p. 2353.

4. **Corcuff JB, Monsaingeon M, Gatta B, Simonnet G**. Diagnostic biochimique des phéochromocytomes. Immuno-analyse ET Biologie spécialisée 2002; 17(5): 293-296.

5. **Eisenhofer G, Kopin IJ, Goldstein DS**. Catecholamine Metabolism : A Contemporary View with Implications for Physiology and Medicine. Pharmacological Reviews 2004; 56(3): 331-349.

6. **Mihai R**. Physiology of the pituitary, thyroid and adrenal glands. Surgery 2011; 29(9): 419-427.

7. **d'Herbomez M, Rouaix N, Bauters C, Wémeau JL**. Diagnostic biologique des phéochromocytomes et paragangliomes. La presse médicale 2009; 38(6): 927-934.

8. **Whiting MJ, Doogue MP**. Advances in Biochemical Screening for Phaeochromocytoma using Biogenic Amines. The Clinical biochemist Reviews 2009; 30(1): 3-17.

9. **Garnier JP**. Interprétation des catécholamines urinaires. Revue Francophone Des Laboratoires 2009; 2009(411): 57-61.

10. **Peaston RT, Weinkove C**. Measurement of catecholamines and their metabolites. Annals of Clinical Biochemistry 2004; 41(1): 17-38.

11. **Métais P, Agneray J, Férard G, Fruchart JC, Jardillier JC, Revol A, Siest G, Stahl A**. Biochimie Clinique : Biochimie analytique tome 1. Simep; 1977.p. 159-162.

12. **de Jong WHA, de Vries EGE, Wolffenbuttel BHR, Kema IP.** Automated mass spectrometric analysis of urinary free catecholamines using on-line solid phase extraction. Journal of Chromatography B 2010; 878(19):1506-1512.

13. **Matthews DE.** An Overview of Phenylalanine and Tyrosine Kinetics in Human. The Journal of Nutrition 2007; 137(6 Suppl 1): 1549S-1555S.

14. **Goldstein DS, Eisenhofer G, Kopin IJ.** Sources and Significance of Plasma Levels of Catechols and Their Metabolites in Humans. The Journal of Pharmacology and Experimental Therapeutics 2003; 305(3): 800-811.

15. **Ji Y, Snyder EM, Fridley BL, Salavaggione OE, Moon I, Batzler A, Yee VC, Schaid DJ, Joyner MJ, Johnson BD, Weinshilboum RM.** Human phenylethanolamine N-methyltransferase genetic polymorphisms and exercise-induced epinephrine release. Physiological Genomics 2008; 33(3): 323-332.

16. **de Baulny HO, Abadie V, Feillet F, de Parscau L.** Management of Phenylketonuria and Hyperphenylalaninemia. The Journal of Nutrition 2007; 137(6): 1561S-1563S.

17. **Willemsen MA, Verbeek MM, Kamsteeg EJ, de Rijk-van Andel JF, Aeby A, Blau N et al.** Tyrosine hydroxylase deficiency: a treatable disorder of brain catecholamine biosynthesis. Brain 2010; 133(pt6): 1810-1822.

18. **Jepma M, Deinum J, Asplund CL, Rombouts SA, Tamsma JT, Tjeerdema N, Spapé MM, Garland EM, Robertson D, Lenders JW, Nieuwenhuis S.** Neurocognitive function in dopamine-β-hydroxylase deficiency. Neuropsychopharmacology 2011; 36(8):1608-1619.

19. **Eisenhofer G, Goldstein DS, Sullivan P, Csako G, Brouwers FM, Lai EW, Adams KT, Pacak K.** Biochemical and Clinical Manifestations of Dopamine-Producing Paragangliomas: Utility of Plasma Methoxytyramine. The Journal of Clinical Endocrinology and Metabolism 2005; 90(4): 2068-2075.

20. **Ikeda H, Matsuyama S, Suzuki N, Takahashi A, Kuroiwa M.** 3,4-Dihydroxyphenylalanine (DOPA) Decarboxylase Deficiency and Resultant

High Levels of Plasma DOPA and Dopamine in Unfavorable Neuroblastoma. Hypertension research 1995; 18 Suppl 1: S209-S210.

21. **Kimura N, Togo A, Sugimoto T, Nata K, Okamoto H, Nagatsu I, Nagura H.** Deficiency of Phenylethanolamine N-Methytransferase in Norepinephrine-producing Pheochromocytoma. Endocrine Pathology 1996; 7(2): 131-136.

22. **Cavadas C, Silva AP, Mosimann F, Cotrim MD, Ribeiro CAF, Brunner HR, Grouzmann E.** NPY Regulates Catecholamine Secretion from Human Adrenal Chromaffin Cells. The Journal of Clinical Endocrinology and Metabolism 2001; 86(12): 5956-5963.

23. **Mannelli M, Pupilli C, Lanzillotti R, Ianni L, Bellini F, Sergio M.** Role for Endogenous Dopamine in Modulating Sympathetic-Adrenal Activity in Humans. Hypertension research 1995; 18 Suppl 1: S79-S86.

24. **Junqueira LC, Carneiro J, Kelly R.** Histologie, 2ème édition française. PICCIN ; 2001.

25. **Plouin PF, Amar L, Lepoutre C.** Phaeochromocytomas and functional paragangliomas: Clinical management. Best Practice and Research Clinical. Endocrinology and Metabolism 2010; 24(6):933-941.

26. **Eisenhofer G.** Free or Total Metanephrines for Diagnosis of Pheochromocytoma : What Is the Difference? Clinical Chemistry 2001; 47(6): 988-989.

27. **Pacak K, Eisenhofer G, Ahlman H, Bornstein SR, Gimenez-Roqueplo AP, Grossman AB, Kimura N, Mannelli M, McNicol AM, Tischler AS.** Pheochromocytoma: recommendations for clinical practice from the First International Symposium. Nature Clinical Practice Endocrinology and Metabolism 2007; 3(2): 92-102.

28. **Lenders JWM, Eisenhofer G.** Normetanephrine and Metanephrine. Encyclopedia of Endocrine diseases 2004; 3: 387-390.

29. **Brunaud L, Ayav A, Bresler L, Klein M, Boissel P.** Les problèmes diagnostiques du phéochromocytome. Annales de chirurgie 2005; 130(4): 267-272.

30. **Baudin B, Berthelot-Garcias E, Meulemen C, Dufaitre G, Ederhy S, Haddour N, Boccara F, Cohen A**. Biologie de l'hypertension artérielle. Revue francophone des laboratoires 2009 ; 39(409): 65-74.

31. **Marshall WJ, Bangert SK**. Biochimie médicale : Physiopathologie et diagnostic. Elsevier ; 2007.p. 151-153.

32. **Wolthers BG, Kema IP, Volmer M, Wesemann R, Westermann J, Manz B**. Evaluation of urinary metanephrine and normetanephrine enzyme immunoassay (ELISA) kits by comparison with isotope dilution mass spectrometry. Clinical Chemistry 1997; 43(1):114-120.

33. **Eisenhofer G**. Editorial : Biochemical Diagnosis of Pheochromocytoma_Is it Time to Switch to Plasma-Free Metanephrines? The Journal of Clinical Endocrinology and Metabolism 2003; 88(2): 550-552.

34. **Lenders JW, Pacak K, Walther MM, Linehan WM, Mannelli M, Friberg P, Keiser HR, Goldstein DS, Eisenhofer G**. Biochemical Diagnosis of Pheochromocytoma : Which Test Is Best? JAMA 2002; 287(11): 1427-1434.

35. **Candito M, Billaud E, Chauffert M, Cottet-Emard JM, Desmoulin D, Garnier JP, Greffe J, Hirth C, Jacob N, Millot F, Nignan A, Patricot MC, Peyrin L, Plouin PF**. Diagnostic biochimique du phéochromocytome et du neuroblastome. Annals de Biologie Clinique 2002; 60(1): 15-36.

36. **Grouzmann E, Drouard-Troalen L, Baudin E, Poulin P F, Muller B, Grand D, Buclin T**. Diagnostic accuracy of free and total metanephrines in plasma and fractionated metanephrines in urine of patients with pheochromocytoma. European Journal of Endocrinology 2010; 162(5): 951-960.

37. **Willemsen JJ, Sweep CGJ, Lenders JWM, Alec Ross H**. Stability of Plasma Free Metanephrines during Collection and Storage as Assessed by an Optimized HPLC Method with Electrochemical Detection. Clinical Chemistry 2003; 49(11): 1951-1953.

38. **Pussard E, Guigueno N, Neveux M.** Catécholamines et métabolites urinaires: valeurs de référence de la naissance à l'âge adulte. Immuno-analyse et Biologie Spécialisée 2009 ; 24(5-6): 289-293.

39. **Boyle JG, Davidson DF, Perry CG, Connell JM.** Comparison of Diagnostic Accuracy of Urinary Free Metanephrines, Vanillyl Mandelic Acid, and Catecholamines and Plasma Catecholamines for Diagnosis of Pheochromocytoma. The Journal of Clinical Endocrinology and Metabolism 2007; 92(12): 4602-4608.

40. **Grebe SK, Singh RJ.** LC-MS/MS in the Clinical Laboratory_Where to From Here? The Clinical Biochemist Reviews 2011; 32(1): 5-31.

41. **Taylor RL, Singh RJ.** Validation of Liquid Chromatography_Tandem Mass Spectrometry Method for Analysis of Urinary Conjugated Metanephrine and Normetanephrine for Screening of Pheochromocytoma. Clinical Chemistry 2002; 48(3): 533-539.

42. **Thevarajah MT, Nadarajah S, Chew YY, Chan PC.** Evaluation of a urinary metanephrines reagent kit: an automated approach. Singapore Medical Journal 2008; 49(6): 454-457.

43. **Wassell J, Reed P, Kane J, Weinkove C.** Freedom from Drug Interference in New Immunoassays for Urinary Catecholamines and Metanephrines. Clinical Chemistry 1999; 45(12): 2216-2223.

44. **Lagerstedt SA, O'Kane DJ, Singh RJ.** Measurement of Plasma Free Metanephrine and Normetanephrine by Liquid Chromatography_Tandem Mass Spectrometry for Diagnosis of Pheochromocytoma. Clinical Chemistry 2004; 50(3): 603-611.

45. **Singh RJ, Grebe SK, Yue B, Rockwood AL, Cramer JC, Gombos Z, Eisenhofer G.** Precisely Wrong? Urinary Fractionated Metanephrines and Peer-Based Laboratory Proficiency Testing. Clinical Chemistry 2005; 51(2): 472-473.

46. **Gu Q, Shi X, Yin P, Gao P, Lu X, Xu G**. Analysis of catecholamines and their metabolites in adrenal gland by liquid chromatography tandem mass spectrometry. Analytica chimica acta 2008; 609(2): 192-200.

47. **Manickum T**. Simultaneous analysis of neuroendocrine tumor markers by HPLC-electrochemical detection. Journal of Chromatography B 2009; 877(32): 4140-4146.

48. **Crockett DK, Frank EL, Roberts WL**. Rapid Analysis of Metanephrine and Normetanephrine in Urine by Gas Chromatography-Mass Spectrometry. Clinical Chemistry 2002; 48(2): 332-337.

49. **Procopiou M, Finney H, Akker SA, Chew SL, Drake WM, Burrin J, Grossman A**. Evaluation of an enzyme immunoassay for plasma-free metanephrines in the diagnosis of catecholamine-secreting tumors. European Journal of Endocrinology 2009; 161(1): 131-140.

50. **Iinuma K, Ikeda I, Ogihara T, Hashizume K, Kurata K, Kumahara Y**. Radioimmunoassay of Metanephrine and Normetanephrine for Diagnosis of Pheochromocytoma. Clinical Chemistry 1986; 32(10): 1879-1883.

51. **Unger N, Pitt C, Schmidt IL, Walz MK, Schmid KW, Philipp T, Mann K, Petersenn S**. Diagnostic value of various biochemical parameters for the diagnosis of pheochromocytoma in patients with adrenal mass. European Journal of Endocrinology 2006; 154(3): 409-417.

52. **Peaston RT, Graham KS, Chambers E, van der Molen JC, Ball S**. Performance of plasma free metanephrines measured by liquid chromatography-tandem mass spectrometry in the diagnosis of pheochromocytoma. Clinica Chimica Acta 2010; 411(7-8): 546-552.

53. **Heider EC, Davis BG, Frank EL**. Nonparametric Determination of Reference Intervals for Plasma Metanephrine and Normetanephrine. Clinical Chemistry 2004; 50(12): 2381-2384.

54. **Yu R**. Ordering pattern and performance of biochemical tests for diagnosing pheochromocytoma from 2000 to 2008. Endocrine Practice 2009; 15(4): 313-321.

55. **Bravo EL, Tagle R**. Pheochromocytoma: State-of-the-Art and Future Prospects. Endocrine Reviews 2003; 24(4): 539-553.

56. **Amar L, Lepoutre C, Bobrie G, Plouin PF**. Hypertension artérielle endocrine. La revue de médecine interne 2010; 31(10): 697-704.

57. **Adler JT, MeyerRochow GY, Chen H, Benn DE, Robinson BG, Sippel RS, Sidhu SB**. Pheochromocytoma : Current Approaches and Future Directions. The Oncologist 2008; 13(7): 779-793.

58. **Tamdy A, Oukerraj L, Khatri D, Ait Bella S, Etalibi N, Fetouhi H, Boukili Y, Ismaili N, Jalal H, Fellat I, Arhabi M**. Infarctus du myocarde révélant un phéochromocytome : à propos d'un cas. Annales de Cardiologie et d'Angéiologie 2010; 59(2): 97-99.

59. **Poulin PF**. Initial work-up and long-term follow-up in patients with phaeochromocytomas and paragangliomas. Best practice and research Clinical Endocrinology and Metabolism 2006; 20(3): 421-434.

60. **Salinas CL, Goméz Beltran OD, Sanchéz-Hidalgo JM, Ciria Bru R, Padillo FJ, Rufian S**. Emergency adrenalectomy due to acute heart failure secondary to complicated pheochromocytoma: a case report. World Journal of Surgical Oncology 2011; 9: 49.

61. **Kudva YC, Sawka AM, Young WF**. The Laboratory Diagnosis of Adrenal Pheochromocytoma: The Mayo Clinic Experience. The Journal of Clinical Endocrinology and Metabolism 2003; 88(10): 4533-4539.

62. **Algericas-Schimnich A, Preissner CM, Young WF, Singh RJ, Grebe SKG**. Plasma Chromogranin A or Urine Fractionated Metanephrines Follow-Up Testing Improves the Diagnostic Accuracy of Plasma Fractionated Metanephrines for Pheochromocytoma. The Journal of clinical endocrinology and metabolism 2008; 93(1): 91-95.

63. **Poulin PF, Gimenez-Roqueplo AP**. Pheochromocytomas and secreting paragangliomas. Orphaned Journal of Rare diseases 2006; 1: 49.

64. **Maris JM**. Recent Advances in Neuroblastoma. The New England Journal of Medicine 2010; 362(23): 2202-2211.

65. **Pérel Y, Valteau-Couanet D, Michon J, Lavrand F, Coze C, Bergeron C, Notz A, Plantaz D, Chastagner P, Bernard F, Thomas C, Rubie H.** Le pronostic du neuroblastome de l'enfant. Méthodes d'étude et utilisation en pratique Clinique. Archives de pédiatrie 2004; 11(7): 834-842.

66. **Denolle T.** Les explorations fonctionnelles à la recherche d'une hypertension artérielle secondaire. Immuno-analyse Et biologie spécialisée 1993; 8(1): 23-28.

67. **Mathonnet M.** Conduite à tenir face à un incidentalome surrénalien associé à une hypertension artérielle. Annales de chirurgie 2005; 130(5): 303-308.

68. **Lambert P.** Phéochromocytome révélé par l'alternance rapide d'hyper et d'hypotension artérielles avec troubles du rythme supraventriculaires concomitants. La revue de médecine interne 1986; 7(20): 163-166.

69. **Renard J, Clerici T, Licker M, Triponez F.** Phéochromocytomes et paragangliomes abdominaux . Journal de Chirurgie Viscérale 2011, 148(6): 463-471.

70. **Peyrin L, Cottet-Emard JM, Cottet-Emard RM, Vouillarmet A.** Le diagnostic du phéochromocytome atypique : un challenge aussi pour le biologiste. Pathologie Biologie 2001; 49(3): 247-254.

71. **Gerlo EAM, Sevens C.** Urinary and Plasma Catecholamines and Urinary Catecholamine Metabolites in Pheochromocytoma : Diagnostic Value in 19 Cases. Clinical chemistry 1994; 40(2): 250-256.

72. **Witteles RM, Kaplan EL, Roizen MF.** Sensitivity of Diagnostic and Localisation Tests for Pheochromocytoma in Clinical practice. Archives of internal medicine 2000; 160(16): 2521-2524.

73. **Bertherat J.** Incidentalome de la loge surrénale : explorations cliniques et biologiques. Journal de radiologie 2009 ; 90(3-C2): 422-425.

74. **Pinson S, Wolkenstein P.** La neurofibromatose 1 (NF1) ou maladie de Von Recklinghausen. La revue de médecine interne 2005 ; 26(3): 196-215.

75. **Rabii R, Fekak H, Moufid K, Joual A, Bennani S, El Mrini M, Benjelloun S.** Phéochromocytome et maladie de von Recklinghausen. Annales d'urologie 2002; 36(4): 254-257.

76. **Ameur A, Touiti H, El Alami M, Ouahbi Y, Abbar M.** Aspects urogénitaux et néphrologiques de la maladie de Von Recklinghausen. A propos de deux observations et d'une revue de la littérature. Annales d'urologie 2003, 37(4): 150-154.

ABREVIATIONS

A : Adrénaline

Ac : Anticorps

AD : Aldéhyde déshydrogénase

ADH : Alcool déshydrogénase

Ag : Antigène

APCI : Source d'ionisation chimique à pression atmosphérique

BH$_4$: Tetrahydrobioptérine

CA : Catécholamines

CLHP : Chromatographie liquide à haute performance

CLHP-DEC : CLHP avec détection électrochimique

CLHP-FLD : CLHP avec détection par fluorescence

COMT : Catécol-O-méthyl-transférase

DA : Dopamine

DBH : Dopamine-β-hydroxylase

DHPG : Dihydroxyphénylglycérol

DOPA : Dihydroxyphénylalanine

EIA : Dosage immunologique avec marqueur enzymatique

FOGD : Fibroscopie oeso-gastro-duodénale

GC-MS : Chromatographie en phase gazeuse couplée à la spectrométrie de masse

HCD : Hypochondre droit

HFBA : N-méthyl-bis-heptafluorobutyramide

HGPO : Hyperglycémie provoquée par voie orale

HPA : Hyperphénylalaninémies

HTA : Hypertension artérielle

HVA : Acide homovanyllique

I^{125} : Iodine-125

IMC : Indice de masse corporelle

L-ADC : DOPA-décarboxylase

LC-MS/MS : Chromatographie liquide avec spectrométrie de masse en tandem

MAO : Monoamine oxydase

MHPG : Méthoxyhydroxyphénylglycérol

MIBG : Méta-iodobenzylguanidine

MN : Métanéphrine

MSTFA : N-méthyl-N-(triméthylsilyl)trifluoroacétamide

3-MT : 3-méthoxythyramine

NA : Noradrénaline

NEM : Néoplasie endocrinienne multiple

NF1 : Neurofibromatose de type 1

NMN : Normétanéphrine

PA : Pression artérielle

PKU : Phénylcétonurie

PNMT : Phényléthanolamine-N-méthyltransférase

RIA : Dosage immunologique avec marqueur radioactif

SFBC : Société Française de Biologie Clinique

SNC : Système nerveux central

SPE : Extraction en phase solide

SULT1A3 : Sulfotransférase type 1A3

TDM : Tomodensitométrie

THL : Tyrosine hydroxylase

VIP : Vaso-intestinal peptide

VLA : Acide vanyllactique

VMA : Acide vanylmandélique

www.ingramcontent.com/pod-product-compliance
Lightning Source LLC
Chambersburg PA
CBHW021120210326
41598CB00017B/1523